U0013536

suncolor

馴・心

東方哲思×西方管理
百大企業搶著上的 10 堂教練領導課

錢慧如 著

僅以此書
向每一位奮戰不懈且心懷仁慈的
領導者致敬。
你的每一句話語
都可能成為點亮他人生命的幸福之光。

目錄
contents

推薦序

好的文化可以讓企業延續百年，領導不是工作，而是「使命」和「利他」的體悟
——復盛應用科技公司總經理 江慶生 12

來自志業與修行的體悟，值得高階管理者一讀再讀的好書！
——提提研執行長 李昆霖 16

捨小就大的智慧：金錢的收穫大於靈魂的自由嗎？
——紅面棋王 周俊勳 18

每一位卓越的領袖，都是優秀的教練——大大學院 執行長 許景泰 22

教練領導——從「小我」到「大我」到「無我」的馴心與修心
——政大心理所工商組教授 張裕隆 26

剛柔並濟的教練領導學——企業講師、作家、主持人 謝文憲 32

楔子　我的教練因緣路　38
第1課　什麼是教練領導？　60
全球環境劇變，需要不一樣的領導　62
改變，從領導者的心開始　66
什麼成就會值得你驕傲一生？　69
壓垮部屬的那一根稻草是什麼？　73
你也常常被部屬給打敗嗎？　78
想改變部屬，先成為自己的教練　82
讓內心的兩個「我」相互扶持　86
激發部屬的潛力，而非成為干擾　91
教練領導者的五大特質　96
課後鍛鍊1　降伏妄心，管理兩個我　100

第2課 **教練可以讓領導更輕鬆？** 102
部屬比你想的更優秀，可能嗎？ 104
教練領導的關鍵：看、問、用 107
如何問出好問題？ 113
如何善用部屬的天賦？ 119
精準提問，讓領導更輕鬆 123
找到「非你不可」的貢獻 127
課後鍛鍊2 提問練習 130
課後鍛鍊3 發現天賦 130

第3課 **不當教練的領導，行？不行？** 132
你，想帶出什麼樣的團隊？ 134
「管理」帶人，「領導」帶心 139

理解角色設定，才能引導行為 144
心平靜了，問題自然迎刃而解 147
主管的三大功能 151
課後鍛鍊4　邁向一級主管 158

第4課
直接汰換員工比較快？ 160

松鼠員工為什麼離開爬樹的工作？ 162
面試與用才，主管為什麼兩套心態？ 166
影響績效高低的三大指數 172
辨別部屬類型，因材施教 180
學習莊子「巧用」的智慧 186
課後鍛鍊5　部屬分析與輔導對策 188

第5課 慈悲與愛會塑造濫好人主管？ 190
你關愛的是部屬還是績效？ 192
如何去除心中的罣礙？ 197
身為主管，有慈悲的權利嗎？ 201
同理心，是能進能出的能力 206
慈悲同理的根源，愛 209
「愛」會讓管理變得軟弱，是嗎？ 213
要求可以嚴格，但手段要慈悲同理 217
課後鍛鍊6 慈悲同理與愛的自我檢查表 222
第6課 如何穿透表象，找出問題根源？ 224
生命中重複發生的問題，想告訴你什麼？ 226
超越現象，覺察因果 231

覺察的三個層次 236
放下執念，心澄則靈 242
如何鍛鍊覺察力？ 249
正念的練習 258
課後鍛鍊7 覺察力的練習 260

第7課
部屬不需要說服，深層傾聽就好？ 262
你聽到的是對方的話語，還是內心的需求？ 264
多問少說，深層傾聽 268
自我消融，達到無我 272
H.E.A.R.深層傾聽法 275
萬一部屬不想談，怎麼辦？ 282
同仁聽不進去，怎麼辦？ 285
如何洞悉部屬的真實需求？ 288

離開表象，擺脫現象解 292
看出模式，找到根本解 295
課後鍛鍊8 H.E.A.R.深層傾聽練習 302

第8課 **對不同的部屬，如何要求目標？** 304
該給目標數字，還是到達目標的地圖？ 306
教練S.M.A.R.T.目標法 311
不要量化，也可以定目標？ 323
如何找出成功行為的指標？ 327
課後鍛鍊9 S.M.A.R.T.練習 332

第9課 **想讓部屬動起來，賞罰就夠了？** 334
領導工作對你最大的意義是什麼？ 336

印痕的束縛 342
把過去的故事重說一遍 346
寫下不一樣的新故事 350
找出厚厚冰山下的美好初衷 353
同仁找不到意義感與甜蜜點怎麼辦？ 361
課後鍛鍊10 解構自己的行為冰山 364

第10課 **在教練領導的路上幸福前行** 366
才華洋溢的部屬找不到靈感，怎麼辦？ 368
如何幫助部屬進入創意的狀態？ 374
路上遇到石頭，放在身上或挪開？ 380
重塑大腦，建立新習慣 384
使天下兼忘我的領導新境界 388
課後鍛鍊11 邁向教練領導之路練習 394

推薦序

好的文化可以讓企業延續百年，領導不是工作，而是「使命」和「利他」的體悟

——復盛應用科技公司總經理 江慶生

本人及我們公司與錢老師結緣起於二〇一八年，始於「推動建構中高階領導職能」專案，因緣際會透過人資團隊好幾輪的請教與面談，很幸運也很感恩地覓得現在為我們企業固定高階教練的本書作者。

身為傳產的復盛應用，我們也有所謂人、機、料、時、法、環的資源管理戰略及產、銷、人、發、財的策略，大家可以看得出來，其中最大公約數就是「人」，如果拿掉了人，或放入不適合的人，則這些資

源或策略幾乎是不會有綜效的，更談不上所謂績效目標的管理。身為製造業的我們，相信優秀的技術可以讓我們領先十年；好的策略能讓我們領先十到二十年；好的文化則可以讓企業延續五十年甚至百年以上，這中間的關鍵要素無庸置疑又回到了「人」。

身為主管的我們都懂帶人要帶心啊！但在角色的扮演上，我們很自然地慣用管控者及老師的帽子遂行「有為法」或「唯物論」（獎懲、分紅、晉升等）進行高績效的追求。即便是我們透過專案及一對一的教練輔導，學習使用教練式的帽子時，也經常忍不住又戴回舊帽子，當然原因不外乎是技法不佳，但更多的是未能馴服自己不安的內心，未能保持心靜，造成「愛」少了、「嚴格」又多了的不平衡。我想這本書是錢老師從多年的體驗、覺察、實踐、回饋互動中，融合東方哲學與西方管理的教練領導學，希望對廣大有痛感的主管們「予樂」與「拔苦」。

本書共有十堂課，每一課都是錢老師從親身經歷的大數據中萃取出來的經典，每一課都可以獨立閱讀，由一段來自經書或莊子的引言開始，再由故事或案例娓娓道來教練的技法或論述基礎，輔以引言的心法；每堂課又可相互連結，交互應用技法與心法，去覺察領悟到領導不是工作，是天命，是使命，更是初心利他的體悟。每堂課後附有精華的心法與技法摘要，以及課後的作業練習讓主管鍛練。

拜讀了這本書的十堂課後，本人回顧了這幾年受益於錢老師輔導的教練課程，實有種溫故而知新、「學而時習之，不亦說乎」的快感，感於運用東、西融合（文中所謂教練必須內、外兼修；教練要用技法鍛練心性，用心性穩定技術）的教練領導學，讓我有更深層的體會——所謂的「領導者想要馴服別人，先學會馴服自己的內心」，讓自己多靜坐冥想、心懷正念，鍛鍊出謙卑的柔軟、慈悲的同理與執念消融的教練之魂！

推薦序

來自志業與修行的體悟，值得高階管理者一讀再讀的好書！

——提提研執行長 李昆霖

這是一本很特別的書，很少有書是用「修行人」的角度來寫職場的工具書。作者融合了她獨特的生命體驗，把她生命中靈修的成長帶入人資（human resource）的領域。很少有書可以把「慈悲」、「愛」跟「關懷」跟管理績效扣在一起，卻又不會讓讀者覺得奇怪，實在是讓我讀得津津有味。我自己在經營公司的過程中，歷經了分家、COVID，都是生命中很痛苦的過程。但也是這些苦痛讓我發現自己的配備不足，而往內走去接觸內觀，學習薩提爾，並且也有私人教練幫助我學會傾聽，進而改變公司文化。所以我很開心看到台灣有人走得這麼前面，把人的靈性跟工作效能搭配在一起，進而提升公司的營運效率。

這是一本我會推薦所有老闆、所有高階管理者的書。因為它不只是教你如何管理的工具書，更是隱藏了很多的人生大智慧在裡面，是值得買來收藏在家的書，在不同的人生階段可以一讀再讀，並且獲得不同禮物的好書！

推薦序

捨小就大的智慧：金錢的收穫大於靈魂的自由嗎？

——紅面棋王　周俊勳

遇見

錢慧如老師是一位非常了不起的導師，除了理性更兼具感性！第一次和慧如老師見面是在大大學院的活動中，當時對於慧如老師的妙語如珠和機智臨場反應印象深刻；私下接觸時也對於慧如老師的聰慧氣質與敏捷思考深深敬佩！

這次能在這本大作問市前搶先拜讀，實在好幸運啊！我要先提醒一下，這是一本不小心就一直翻下去的書，如果你等一下有事要忙，記得設鬧鈴提醒。我看得又哭又笑的，一下陷入沉思、一下嘴角上揚，內容非常精彩，深度和廣度都有，慧如老師用內心的大愛來傳授管理人員的專業技巧，更用潛移默化的愛去影響學員，令人感動！

看見

在慧如老師這本《馴心》書中，見文如見人，文字的筆觸溫柔也直接，而且有很多「教練方法」透過情境的描述與引經據典的呼應，讓讀者看見許多問題本身以外的角度。很巧合的是，最近跟友人討論關於管理的大小事，友人說：「無論男人或女人，大家最愛的都是自己的面子！」我也恍然大悟，無論身分、性別，其實問題都來自於自己的心有沒有被好好照顧到啊。在放下面子或自尊心後，大家都需要找尋解決問題的方法，《馴心》的內容有提供很多實用的方法，這些方法的價值我覺得對於一本幾百元的書來說，實在是一百倍的收穫！這絕對是現代職場上人人都需要擁有的一本書！

我們都不像股神巴菲特，可以很清楚地看見價值（無論是股票或人的價值），而且還耐得住性子等待，或是在該放棄時就放棄，很多不是一般人能做到的；我相信大部分成功的人能夠達到成功的位置，絕對需要有「教練」的帶領，只是媒體報導時很少人會提到自己的成功是有人帶領的；所以這本書也讓我看見真實，更願意虛心地接受不同領域的專業人士指導，以及看見成功有更多解讀方式，成功不是只有冷冰冰的數據。

遠見

在一開始的兩百萬換十天自由的分享，就非常震撼，慧如老師以親身經歷來做為楔子，真實呈現自己巔覆一般人的作為，突破集體意識的行動，這也跟圍棋十訣中的「捨小就大」的道理一樣，你確定金錢的收穫會大於靈魂的自由嗎？由慧如老師的經驗中，我們可以知道有智慧的人也是有遠見的，他們會善用自己的天賦來為自己創造更驚人的價值！

這是一本身為管理者與領導人都該一讀的書，也是身為有遠見的你，需要比別人先看見的書。

推薦序

每一位卓越的領袖，都是優秀的教練

——大大學院 執行長 許景泰

在職場上真的有辦法做到「因材施教」，給予不同才能的團隊人才，正確而有效的教練領導嗎？在尚未看這本書之前，我一直認為是非常困難，甚至很難做得到的。

記得剛踏入職場，我先到一家中大型企業謀職，總裁的管理風格，是以威權命令式在帶領公司前進。多年來，這家企業在他霸氣、專制的帶領下，雖然屹立不搖，但人事動盪從沒停過，公司獲利也就只能勉強維持，無法再有任何突破與成長。總裁的管理風格，造就了少數跟隨總裁多年的核心老臣會待很久，而往往被引進的新人才，卻總是無法待滿一年。每個月，你會習慣看到一批滿懷抱負的人進到公司，不久後又一批選擇求去。這種快速更迭的結果，連我自身雖被快速提拔，加薪、升遷，被總裁看重，但也在孤立無援下，待沒滿一年，後來也主動求去。

後來，自己做了主管，創業當了老闆，更深刻體會到為何有霸道總裁、有溫和軟弱的主管，也有足智多謀的領導者。因著在不同位子上，當你身兼不同角色，內有矛盾、外有壓力的三明治夾擊下，你的領導風格與管理作為都會產生變化。這使得你的作為會隨著情緒、目標未達、團隊能力不足等也自然發生改變。於是，造就了職場上不同的領導與管理風格。這也就不難理解，企業管理與團隊文化，是如此深刻地被團隊領導人所影響。

在本書中，錢慧如老師對於「教練式領導」有更深刻的理解，進一步點出，要設法突破領導與管理的天花板，你不能只是具備專業管理的能力，更要朝一位卓越的教練前進。教練最大不同之處，是必須內、外兼修。而鍛鍊心性，用心性穩定技術，這才是每一位管理者能否真正蛻變成一位優秀領袖的真諦。不過，談到「心性鍛鍊」應用在教練與管理的技術上，又談何容易呀！

所幸本書有脈絡、有步驟、有方法、有系統地教我們如何鍛鍊自己，使自身能兼具領導和管理者具體作為。讓我們更相信每一位卓越的領袖，其實都是一位優秀的教練。

本書最令人驚豔的是，錢慧如老師總能將東方艱澀難懂的莊子學說、《金剛經》、《心經》，巧妙融合西方科學管理、教練式領導學。不僅閱讀起來一點都不違和，更讓每一位讀者能深切體會到，要學好領導與管理，得運用西方科學診斷的方法，才能有效治標，做出對的事，也把事情做對。同時，又得學習像中醫治療般，望、聞、問、切結合運用，互相參證、聯繫補充，才能夠全面系統地，找到團隊中每一個人確切問題所在。雖然，教練式領導有時無法立竿見影，立即看見成效，但卻總能在抽絲剝繭的治癒問題過程，治癒根本問題，才能使結局真正圓滿。

這本書融合了東西方在領導與治理上的優點，錢慧如老師十多年來長年投入研究、身經百戰的將「教練式領導」運用得如此生動有效。這使得書中的內容更能具體落實在亞洲企業體系之中。在面對疫情、逆境、轉型，各式紛擾的時代，這本書將能帶領每一個人穩定心性、有系統和方法地成為一位優秀的教練，培養成為有創見的未來領袖。

推薦序

教練領導——從「小我」到「大我」到「無我」的馴心與修心

——政大心理所工商組教授 張裕隆

從「小我」就喜歡打籃球，歷經國中、高中、大學、研究所、當兵、企業任職、國外留學、到回母校任教，直到現在。其中遇到幾位貴人，其一是高中時遇到一位現役甲組大中鋒（身高約近兩百公分），或許他和我有緣與對籃球傳承有熱情，因此他傳授我中鋒的「技法（過人腳步）」及「心法（動靜皆心）」，因此大一參加系籃時最喜歡打的位置就是中鋒（五號位），且令眾人刮目相看，因為我的身高只有一百七十公分。

爾後又遇到陸光籃球隊的總教練王忠詠大叔，他把我和幾位愛打籃球的高中、大學生組成一個球隊，四處征戰。之後，進入了研究所籃球代表隊，並被學弟妹推舉為他們的教練，坦白說，當時十分惶恐，不知如何成為一位教練，因此向父親請教（父親曾擔任桌球教練）。父親說很簡單，你把所有籃球的書全部念完，然後全部練完，你自然就知道如何成為一位教練。結果我真的照做，尤其在碩三時，只剩下寫論文，因此每天早上七到十一點、下午二到六點，分別帶領學弟妹練球，每天竟然可以打八個小時，當時不只把體能練起來，那股自信亦可說是登峰造極，不僅個人籃球生涯達到頂峰，也帶領學弟妹拿到全國大心盃，與校內系際盃多項冠軍，而個人的我也就從「小我」變成了「大我」。

隨後在陸總當兵與任職迪吉多電腦公司，皆和長官與同仁拿到冠軍，而在政大成立雄鷹籃球隊後，亦與政大同仁拿到兩屆教職員盃甲組冠軍，並成為雄鷹球員的學習標竿，而雄鷹隊亦在去年與今年（二〇二二年）蟬聯UBA兩屆冠軍。回想起來，值此一生，透過「覺（思考）」→「修（學習）」→「行（練習）」的歷程，由「球員」到「教練」到「啦啦隊」，由「小我」到「大我」，而到「無我（放下我執，成功不必在我）」，其實個人的體悟，認為「教練領導」的一切關鍵即在於「馴心」，雖然只是簡單的兩個字，卻是一生的挑戰與修練！

當年我到國外留學，主修工商組織心理學博士，輔修企管碩士（MBA），因緣際會回到母校任教，並在「企家班」講授「管理心理學（簡稱管心）」，期間也引用教練的公式，Performance = Potential - Interference，並舉例說明當初無論何種比賽之所以可以拿到「冠軍」，就是不僅「教練」本身，或是上場「球員」，皆激發了「潛能」，並且「專注」當下，且把「干擾」降至最低，因此值得所有CEO與「產、銷、人、發、財」的主管們深思的是，CEO其實就像是一位「教練」，而「產、銷、人、發、財」五管的主管就像是下場打球的「球員」，要創造卓越的「績效」，不能只是一味地要求KPI的達成，更不能只問結果，不問歷程；反而更值得「自覺（深思）」的是CEO以及高階主管是否有激發自己本身，以及所有部屬的「潛能」，而非成為自己與部屬的「干擾」，進而導致自己本身或所屬主管、員工產生了KPI的「強迫行為（每天只會要求）」與「恐慌行為（每天不斷逃避）」，而使「身心靈」都失去了平衡，且喪失了尊嚴、自信、健康、快樂與成就感！

作者錢慧如老師的「教練領導」最大的特色在於將東西方加以融合，以及天地人合一，甚至達到「無我（虛空）」的境界（如下一頁圖示）。換言之，錢老師結合西方的「技法」與東方的「心法」；「技法」基本上比較「落地」，易懂易學，就如前述大中鋒的「過人腳步」，而「心法」卻必須不斷修練，達到「天地人」合一，甚至達到「無我」與「無法」的境界，亦即「動靜皆心，有無是空，一切自然，奉天而行」！

最近我在指導博士論文「心性量子領導與文化（Magnificent-Quantum Leadership and Culture）」的相關議題，其實與錢老師的「教

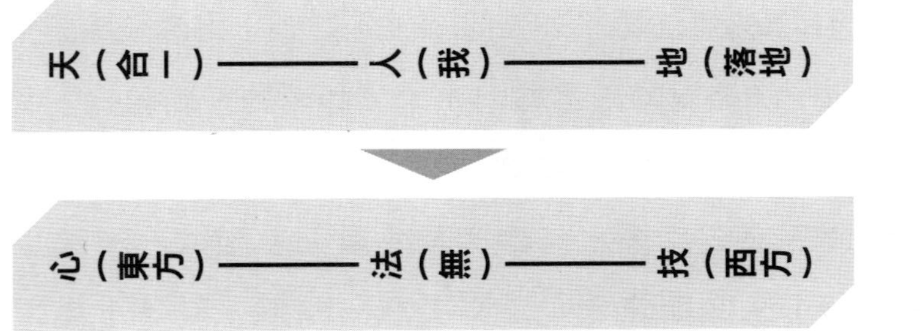

練領導」有異曲同工之妙；換言之，領導人不僅要成為教練，帶領整個團隊與組織，去創造卓越績效，更要去「修」。修什麼？「修心」；修什麼心?修「天道之心」；那什麼是「天道」？「天道」就是「仁、義、禮、智」，「仁」者慈悲為懷，「義」者公正無私，「禮」者彬彬有禮，「智」者知時識務，亦即CEO及高階主管在要求KPI達成時，應自覺（省）是否符合「天道」，如果是，自然會散發出量子，而量子就是一種波，亦是能量的最小單位，而CEO及高階主管如果能散發並形塑正向能量的氛圍與文化，員工在此正向磁場之下，自然能激發「潛能」，降低「干擾」，而創造出卓越的「績效」，「世界反轉，亂中有序，勿驚勿擾，安然自在！」在渾沌的亂世之中，尋求「定（心）」、「清（腦）」、「明（智）」的身心靈安定之道，本書可以成為CEO與高階主管的「心性修練」之道——在下樂而為之薦！

推薦序

剛柔並濟的教練領導學

——企業講師、作家、主持人 謝文憲

打開慧如新書第一課的引言，看到節錄《金剛經》的詞句，我頓時紅了眼眶，因為在兩個多月前的父喪期間，我唸了好多遍。

家人的辭世，帶給我的學習

過去十幾年，我連續送走了外公、母親、祖母、岳父，以及三個月前剛辭世的父親。經歷過佛教傳統禮俗做七的朋友應該都知道，無論哪個七，都可能唸到《金剛經》。

年少輕狂時，我從未好好地體會經文的意義，說真的，師父唸很快，我也很難體會。剛歷經喪父之痛，我把該篇章看了好幾遍，我終於體會：「看似難懂的《莊子》、《金剛經》、《心經》，透過慧如將經文與管理議題相結合，竟是栩栩如生地出現在我面前。」

複雜難懂的管理學，其實都存在我們周遭，伴君如伴虎，帶人要帶心，「領導，馴心而已」。

跟慧如相處，帶給我的學習

二〇一九年下半年，我剛生一場大病後一個多月，在桃園高鐵站遇到慧如與另一位男老師在吃麵，我向他們寒暄後坐了下來。其實我已經吃飽，但沒想到，一聊又聊了一小時，聊到店員好心來提醒我們時間。

她短短問了幾個問題，就點醒了我的人生意義，並鼓勵我繼續勇往直前，虛心面對老天爺給我的使命。她總有種魔力，跟她對談，就能獲得力量，或許有些答案我都知道，但就是想不清楚，透過她幾個問題，我常能豁然開朗。

我們同台許多次，大多是我主持的活動，包含廣播專訪、直播對談、書籍導讀等，她的傾聽能力很好，回答問題也言簡意賅，聽她論述「人才育成如種樹」，更是如沐春風，點頭稱是。

她更曾在憲福育創開立「教練領導學」工作坊，讓我近距離一睹她的迷人丰采。

緣分發源地，帶給我的學習

我跟她在約三十年前待同一家房仲公司，她是人資幕僚，我是門店業務，雖然沒有交集，但我們都對書中所提的Stanley讚譽有加。

我是有過三年人資經驗後，才加入房仲做業務的，我對人資工作比一般業務更清楚，Stanley果真如書中所言，那時他所推動的籃中訓練、人才評鑑與店長職能評核，事隔近三十年我還記憶猶新、津津樂道。

如果你要問我，我在房仲業學習什麼，我會說：「做人與做事的道理。」雖然我要自我檢討的地方還很多，但那是種典範的追尋，是自我修練的道場，更是領導模範的仰望。

我對書的推薦

我們看似工作雷同，但我跟慧如卻大不相同。她是剛柔並濟的高階領導人教練，我是敢拚敢衝的知識型創業家，我們的共通點就是：對人很敏銳。

《馴心》非常精采，對我很有收穫，我推薦本書的三大原因：

一、跟一般坊間的領導學書籍切入點，大不相同，卻輕鬆好服用。

二、看膩西方管理學高大上的空虛感，這本不會，保有初心最好。

三、真人真事案例搭配東方哲思佐料，不黏不膩，鍛鍊心性昇華。

最後，我引用書中的句子：「用技術鍛鍊心性，用心性穩定技術。華人職場，缺的不是管理工具，而是馴心。」

楔子

我的教練因緣路

我希望別人能和我一樣幸福。這，是我的起心動念！

我，一個再平凡不過的南部小孩，三十年前隻身來到極度陌生、卻隱約覺得那個朦朧的夢想就在這城市的台北，窩在一個小小的分租套房裡，在投遞無數封履歷表後，誤打誤撞進入人力資源領域，我的首份工作是培訓專員。

工作的內容是為企業內全體員工以及主管規劃與執行教育學習活動，小至在教室搬桌椅、擦白板、影印講義、訂便當、準備課間點心，大至擬定人才養成策略、調查學習需求、規劃年度活動、編列預算、執行課程計畫……。總括一句話，這工作存在的目的，就是為公司在需要的時間內，培養出符合營運發展所需要的各類人才。

雖然常常有同仁笑我是「校長兼撞鐘的工友」，但我卻無時無刻不感受到幸福的滋味。在教室裡「跟課（執行課程）」時，我總想，怎麼會有一種工作，整天坐著聽不同的老師講課還有薪水可領？知識的豐收讓我感到滿足。當每一期新人完成三個月的訓練，那一張張青澀的臉變得更加專業自信時，看到他人成長我很開心。年終頒獎典禮上，當聽到績優同仁感謝公司教育訓練的栽培時，坐在台下的我，總會感動到掉下眼淚。因為，能為他人的成就貢獻一己之力，讓我覺得好快樂。

我發現，讓所有同仁在工作中發光發熱，是我從事人資工作的核心理念。

遇見職涯的第一位教練

那時，我工作得很拚命，常常不知不覺工作到八、九點才下班，週末也進公司寫企劃案。雖然好幾次累到病倒，但即使是躺在醫院裡忍受著身體的疼痛，我還是很愛很愛我的工作。

爸媽每次來台北，總不免叨念我，一個月三萬多的薪水，扣掉房租、餐費，所剩無幾，工作這麼累，租屋這麼小，他們不理解，為什麼我卻甘之如飴？在他們眼裡，這份工作簡直就像是一個暗黑的長隧道，看不到光亮的可能。父親常問我：「你什麼時候才能存到買房子的錢？」

每次下班，走在敦化南路上看著一棟棟的豪宅，那時我想，我真的有可能一輩子都買不起台北的房子。但對我來說，那真的不重要，因為，幸福的滋味就是一道光，它照亮了我的心靈，那是一種超越存款、超越物質限制的豐盛。

我的快樂除了來自於工作的本質符合我的志趣之外，還有一位關鍵人物——我的直屬主管，也是我的啟蒙恩師——Stanley Lin，他要求嚴格卻從不出言責罵。當年，他在人資領域已是一名響噹噹的人物，與他相比，我們這群部屬實在是不夠專業又不懂事的年輕小孩。週末時，他常邀我們去他家吃飯，除了蹭上師母一桌的好飯菜之外，Stanley總會在飯後安排課程，不厭其煩地為我們補足專業知能。他與師母，總是這樣溫暖著我們這群離鄉背井遊子的心。

Stanley也有讓我痛苦的時候，當我帶著工作上的疑惑找他時，他常常會反問我更多的問題。當時我想，你為什麼不直接告訴我就好了呢？但他總是用那張笑臉代替答案。

漸漸地，在他的提問中，我開始發現自己思考的侷限；同時也在不知不覺中，養成以各種不同視角思考問題的習慣。更重要的是，這種把找答案的責任與決定權交給部屬的引導模式，鍛鍊出我在職場上的成就感與自信。之後幾年接觸到教練學，我才發現，他應該是我在職涯中的第一位教練。

那幾年，因為一位好主管、一份符合志趣的工作、一個能盡情發揮的舞台，讓我充分享受工作的樂趣。我天真地以為，這是職涯的日常。但，人生總是這樣，生命要開始翻轉的徵兆，往往是快樂的消失、痛苦的開始！

寧願放棄兩百萬，也不多留十天

之後幾年，無論在哪家企業服務，我依然努力工作，但幸福的滋味卻逐漸淡去。二十年過去，我成為一家上市公司的人資總監，卻發現職位的高低與能在組織內創造的改變與影響力並不一定成正相關。由於與經營高層理念不一致，讓我每天總是痛苦不堪。

在當時，KPI是唯一的王道，我看著那些由我面試進來的各方優秀人才，為了達成不斷調高的KPI，一個個從明亮耀眼的星星逐漸變成不健康、不快樂又爆肝的工作機器；有的時候，我還必須處理員工身心狀況——例如憂鬱、癌症——所引起的各種職場問題。有一次，有位研發主管從海外休長假回來，檢查出癌症，我去探望他時，他太太拉著我的手，哭了一整個下午。她說，丈夫第一次外派時，小孩才剛上小學，這一次終於可以在家待久一點，沒想到卻已病危；而當年的幼兒，現年已十八歲。

那個晚上，夜不能眠，我不斷思索能夠做些什麼，才能建構一個兼具健康、快樂又高績效的職場環境？隔天上午，我想和執行長討論這個議題，但他不耐煩地說，身體健康是個人議題，生病是個人體質的問題，不要跟工作混為一談。那時我知道，我說服不了他。我和他的人才理念，是兩條平行線。

公司所有會議討論的內容都離不開數字，好像除了數字之外，其他一點都不重要，包括在執行長要求業績未達標的事業群交出裁員的名單上，也都只是一個個的「員工編號」以及換算出來的成本數字。每一次參與會議後，我的心裡總浮現出一個問題，我問自己：這份工作，意義何在？

往昔的工作幸福感已消失殆盡，當身體做的事與心靈意志相違背的時候，我也與大多數工作者一樣，快樂不起來，日子開始在兩個端點之間糾結著：一邊是為薪水工作，忽略感受，過著不痛不癢、沒有熱情的生活；另一邊是忠於內心呼喚，就算面臨失去高薪的恐懼，也要走出一條不消耗生命的道路。

就在可以領到近兩百萬元股票的前十天，我選擇了離職。

直屬老闆問我：「難道你連十天都無法忍受嗎？為什麼要跟錢過不去呢？」雖然那些日子以來，老闆一直很尊重、照顧我，但心靈的痛苦已經讓我無法忽略內心的吶喊，記得我的回答是：「不自由，毋寧死，金錢買不到我的靈魂！」老闆和同事都告訴我：「人在江湖頭低些。你離開公司，就再也找不到這麼高薪的工作了。」

最後一天，我開著車離開公司停車場，當柵欄開啟的那一刻，我大喊：「我自由了！」我在心裡發誓，我一定要找到一條道路證明，高績效、高收入不必靠爆肝，績效也可以與幸福、健康、快樂並存。

離開的心情無比輕鬆，雖然，我還真不曉得未來路在哪裡，但我相信，一個人只要發心祈求，總有一天，老天會為他開道。

一個小火苗，燃燒我的教練之路

離職之後，終於有幾天閒散的日子。有天整理書房，發現我的第一本教練啟蒙書——網球教練提摩西・高威（W. Timothy Gallwey）

一九七四年所著的《比賽，從心開始》（*The Inner Game of Tennis*）。抖掉書上灰塵後，開頭的一段話深深吸引了我，那是被譽為和平大使的普仁羅華（Prem Rawat）所說的：「What is the real game? It is a game in which the heart is entertained, the game in which you are entertained. It is the game you will win.（真正的比賽是什麼？它是讓心靈感到愉悅的過程，也是讓你感受到樂趣的比賽。而這也是你將贏得勝利的比賽。）」這段話就像是一簇小小的火苗，瞬間點燃了我的心。突然之間，我和書之間似乎有條引信，把「我」與「教練」又重新連結了起來。

那整個下午，我都處於一種狂喜的狀態。我相信，這是老天給我的應許，祂藉由這段話，指引我——「教練，是讓人身心靈愉悅地贏得比賽的一條道路」，這與我的理念不謀而合！

從此以後，我重新研讀教練學說，參加國內外課程，認真在工作中實踐技巧。我以為，跟隨西方教練技術，以系統性的操作方法、紮實的理論模式，就可以實踐我「改造」企業環境的理想。但沒想到，生命的道路雖然清晰可見，但路途中卻開始出現大大小小阻礙我前行的路障。

路障之一是不被當時的企業認同。約莫十幾年前，當時大多數主管認為國情、文化不同，華人世界大多還是服從階層權威、聽命行事、認真執行的員工，再加上當時科技、製造產業多以為歐美世界品牌代工為主，成本控制、產品品質才是企業領導們認為的致勝關鍵。既然如此，只要主管英明、經驗豐富，直接下命令，員工照做，效率最快，何必還要向老美學習「囉哩囉唆」又「矯情」地以關懷、提問、激勵、開發潛能為核心的教練手法？對許多企業主管來說，這套方法不符合以往的領導慣性，執行起來又彆扭、又太浪費時間了。

路障之二是操作成效有時不如預期。當我以教練方法輔導部屬時，部屬不是抱怨我為什麼不直接給答案、懷疑我的決策能力，就是愣在那裡半天不說話，造成彼此的尷尬。另外，遇到態度不佳的部屬，我還常常「破功」，被激怒到腦袋空白，當下再也提不起熱情繼續提問。

儘管在實踐教練技術時經常卡關，但另一方面，我也漸漸一點一滴地收到了正向的聲音。例如，有些部屬會告訴我，他能夠感受到我是真的用心聆聽他的想法、在乎他的感受，讓他顛覆了以往認為主管只在乎績效的印象；也有些主管在我的分享下，開始嘗試運用教練技巧，改善了與部屬緊繃的關係。

我知道，在成就理想的過程中遇到障礙在所難免。因為有支持的力量，讓我即使面臨這兩大路障，也沒有擊退我對「教練」的信仰，在這條道路上我繼續匍匐前進。但，我隱約感覺除了技術，一定還有什麼是我尚未俱足的，但當時我苦思不得其解。

啟程追尋教練外形底下的靈魂

那時我經常翻閱我的輔導記錄，我發現照著西方教練技術與流程操作，可以幫助我在短時間內具備教練的「外形」，卻沒能解決我以下的困難，讓我真正活出教練的「靈魂」，例如：

- 我如何在談話的過程中，知道什麼是「對的時機點」，並問出「突破對方心防」的神準好問題？
- 我如何能夠持續穩定情緒，讓我不被部屬的各種狀態激怒或澆熄熱情？
- 在績效與效率的壓力之下，我如何能夠不被自己的慣性誘惑，堅定鍛鍊、走出自己的領導舒適圈？
- 面對難以改變的部屬，在「不適者淘汰」與「激發潛能」兩者之間，我該如何拿捏取捨與平衡？

• 我如何能夠悠遊於「主管」與「教練」的角色，自然轉換而不顯造作？

我在二〇〇八年離開人資主管的工作，開始擔任企業的人才發展顧問、高階教練，從此展開在台灣、中國大陸、越南、印尼等各地授課與執案的生涯，飛行、出差、住飯店成了我的日常。每天早上醒來，我的第一個念頭是：我在哪一個城市、今天有哪些行程？這種「漂泊」的日子我一點也不以為苦，因為每次結束工作後，客戶、學員給我的各種暖心回饋，就是我最好的能量補給。

這個職涯上的轉變，讓我重新找回工作的意義，在無數個奔波於高速公路的夜裡、在陌生城市等待飛機起飛的時刻裡，我總懷抱著希望，期待在每次的課程、輔導、教練晤談之後，領導人都能有更大的熱情與使命感，為建構一個更健康的職場環境而努力；同時，我也祈求老天賜給我智慧，讓我有更大的能力解決企業普遍的現象——績效與幸福感失衡所導致的各種痛苦。

也許是老天聽到了我的呼求，於是，祂巧妙地為我的人生開啟了一道奇異的門。我的身體一向沒什麼大毛病，但就在十年前第一次發現不對勁。那時連續幾個月感到不舒服，常常突然心跳加速，胸口、身體像是有千斤重似地壓得我喘不過氣來。無數次的半夜急診、看了許多不同科別的門診，總是無法痊癒。就在一個週六上午，我虛弱到無法坐起，這時，家裡的電話響起，一位曾出家、在西藏修習佛法多年的朋友打來，開口第一句話就告訴我和先生：「觀世音菩薩要我來找你。」

我不是佛教徒，在這之前，從來沒有誦唸過任何一部佛經，而我大學念的是化學系，培養出講求科學實證的核心信念，聽朋友這樣說，我實在不太敢相信，但因為身體實在是太痛了，於是我半信半疑地與她約了見面。

那天，她只花了不到五分鐘的時間，就在一邊誦唸咒語一邊比劃著我看不懂的手勢下，化解了我幾個月來的不適，這個奇特的經驗讓我徹底打破過去「眼見為憑」的觀念，我突然發現人類的渺小與自己的無知。原來，在這個宇宙之內，還有我們未能眼見、但卻真實存在的靈界能量。

從東方經典驚喜找到教練之魂

為了減輕靈界干擾帶來的身體疼痛與心理的恐懼，在朋友的建議下，我開始靜坐、讀誦《金剛經》、《心經》、《觀世音菩薩普門品》、《地藏王菩薩本願經》等佛經。剛開始，我很難持續，畢竟對於當時的我來說，這是件極其枯燥的事情。但我漸漸發現，唸經除了真的能夠緩解我身體的疼痛之外，讀誦經典的過程也如同自身內在的洗禮，在經典的潛移默化下，我從過去習慣向外尋找答案，回到內在的觀照。我覺察到，過去一直講求速度、效率的我，其實內在並不平靜，腦海裡總是充斥著對外在的各種想法。例如在教練時，我經常在想「下一句話，我該如何引導他」，或是「我要怎麼做，才能讓他很快改變」，而《心經》的這段經文「五蘊皆空，度一切苦厄」正好指引了我。也許，要解除外在的痛苦、障礙，首先得要突破的是自己，那個受到意念、感受、僵化想法等作用影響下的自己。

從那次靈界干擾事件發生至今，我的身體成了高敏感體質。在長達十年的歲月裡，我經歷過種種不可思議的事件，我曾經不只一次問天，為什麼是我、為什麼我要承受這些？但漸漸地，我感恩老天如此巧妙的安排，祂讓我藉由身體的疼痛、心理的恐懼、靈性的困惑，在能見、非能見的世界裡，由靈界朋友引導我身如其境地看到生而不平等的底層社會竟是如此的殘酷與無奈。每一位與我相遇的靈界朋友，帶給我的是他們人生中痛苦的故事，除了為他們唸經之外，這些遠遠超過我此生經驗的故事讓我深受啟發。我常想，我們可以怎樣地活著，才能夠避免自己成為一個痛苦的靈魂？靜坐冥想時也常懺悔自省，自己的作為、言語該如何修正？我也更深入思考該怎麼做，才能為企業培養出身心靈平衡、心懷慈悲，且能引領他人創造豐盛人生、利他型的領導者。畢竟，一位優秀的領導者能為眾多家庭減輕痛苦，並帶來希望與快樂。

當我有這個念頭之後，我立刻明白了，這段歷程是老天對我的培訓，如果我自己沒有經歷身、心、靈的徹底洗禮，在苦痛中真實地面對自己，並練習馴服自己的內心，我又如何能夠以更寬廣的宇宙觀，鍛鍊出謙卑的柔軟、慈悲的同理，與執念消融的教練之魂呢？

於是，我大幅降低工作量，想把自己當成實驗場，我開始把每天讀經當成向菩薩們請益，在靜坐中持續內省、清理與懺悔；我閱讀老莊思想，學習中醫、丹道。這段回歸內在的身心之旅，讓我整個人有一種彷若重生的感覺。在這些經典中，我屢屢讚嘆古聖先賢的智慧。例如，莊子強調身心的重要應遠大於名利的追求，他說「緣督以為經，可以保身」，「緣」是遵循的意思，「督」是中道、正道之意，「經」則是指常理。「緣督以為經」這句話的意思是，養生之道就要遵循大自然的中道，以人體來說，隨時維持身體中心線──也就是脊柱骨盡可能維持垂直地表的狀態──以保持五臟六腑的正常位置與生理功能。企業經營何嘗不是如此呢？處心積慮以各種手段競爭，但唯有以正道為決策的依歸，才能成就一位值得跟隨的領導者與令人尊敬的永續企業。

除了提醒人們應致力於身體的保健之外，莊子也認為一個人只有在身體輕了、心淨了的狀態下，才能擁有超越一般世人的智慧。所以他說「身如槁木、心如死灰」，要人們鍛鍊身體到有如槁木一樣的輕盈，內心則要清明寧靜到如死灰一般不因外境而起波瀾（這和我們今天常用「槁木死灰」的意思大不相同）。

老子《清淨經》則提到：「眾生所以不得真道者，惟有妄心。既有妄心，即驚其神……煩惱妄想，憂苦身心……」，而《金剛經》、《心經》也都是傳述佛陀引領人們離苦得樂、開啟智慧的妙法。

與佛陀、道法的相遇讓我有種發現寶藏的驚喜，東方哲學強調心性、身體的鍛鍊，恰恰補足了西方教練學的知識、技巧層面中尚未涵蓋到的內在修行。這也正是長期以來，企業領導人最為忽略的部分，但其實又是影響企業面臨混沌變局、能否永續發展最重要的根基。

邀請你一起「以生命影響生命」

這篇楔子我寫了好久好久，前後更是修改了不下十次。其實，要寫出這段「鬼經歷」，我的內心經歷過掙扎，最後決定加上這一大段的原因，是在一場與三采的編輯會議中，看過坊間所有教練書的他們好奇地問我，「為什麼你會把教練技術與佛經、莊子融合在一起？」「是否能與讀者分享你的學習歷程？」我原本有些擔心，讀者們是否會因此將本書視為怪力亂神，而模糊了我推廣教練的初衷，但後來讓我決定坦誠揭露的轉折，是在靜坐之後，我接受了這樣的「我」。

這是我生命的故事，無論這是否已超越你的認知範圍，但我依然想敞開心胸與你分享我奇特而真實的教練因緣路。如同我經常在教練課程中說的，「每一個行為，背後都有一個story（故事）」。因為我所經歷的故事，造就了我把西方技術與東方哲學思維融合兼併的教練風格，我想以這本書，帶出兩個實證心得：

一、教練，必須內、外兼修。

二、教練，要用技術鍛鍊心性，用心性穩定技術。

這十年來，我以微薄之力傳播教練的種子，榮幸能夠得到包括台灣賓士（Mercedes-Benz）、復盛應用科技、致伸科技、明基材料、和泰汽車、遠東集團、台灣寬頻通訊顧問公司、輝瑞大藥廠、美商Rogers科技公司、緯創資通等兩岸多家企業教練方案的合作機會，許多客戶不僅安排主管接受教練課程、一對一教練晤談，更有企業從總經理做起，成立內部教練團，全面導入教練領導文化。這些年，客戶的正向回饋與企業文化的改變，讓我更加堅信透過教練技法與心法的鍛鍊，領導者們可以不再用血汗拚業績，我們可以有更棒的選擇——在更健康的生命品質下，打造出更具幸福感的高績效團隊。

最後，我要由衷感謝三采出版社的編輯夥伴們一路相伴與信任，因為有你們，這本被我改寫N次的教練書才得以順利問世。我更要感謝教練路上與我相遇的所有眾生，你們的故事不僅感動我，更豐富了我的生命，滿心的感恩，謹以本書《馴心》，向你們致上我最深的敬意！

當你拿起這本書，我相信，在你的靈魂深處，早已深藏著一顆想要改變的心。不論你的起心動念是為了探索自己，還是渴望成為更獨特的領導者，我想邀請你與我一起，勇敢而堅定地從征服自己的內心開始，踏上「以生命影響生命」的教練領導之路！

善男子，善女人，
發阿耨多羅三藐三菩提心，
應如是住，如是降伏其心。

——金剛經

第 1 課

什麼是教練領導？

全球環境劇變，需要不一樣的領導

二〇二一年九月，美國有四百四十萬人離職，破二十年紀錄，離職最多的年齡介於二十五到四十五歲之間。

二〇二一年，日本的自由職業者人數從二〇二〇年的一千零六十萬人，成長至一千五百七十七萬人。

二〇二二年二月，台灣企業的職缺成長了百分之二十四，求職履歷數卻只成長百分之一，台灣已出現「退出職場人數多於進入職場人數」的缺工交叉。

請問你在這些數據中看到了什麼？

截至二〇二二年四月，全球COVID-19的確診人數已達到四億八千萬人，六百一十七萬人死亡，全球經濟損失高達數十兆美元，各國紛紛管制國境、封城。就在疫情發生之後，這世界的腳步，似乎瞬間停止了。

可能大多數人會以為，當疫情趨緩、經濟活動開始復甦之後，人們會更加珍惜工作機會，但以上這些數據告訴我們「並沒有」。相反地，隨著工作型態改變——企業推動在家上班WFH（work from home）、混合工作模式（hybrid working）等因應策略，並運用遠端科技Google Meet、Zoom、Teams等取代面對面開會——加上周遭親友或自己的健康出現重大變化，人們開始重視那個可能已經深埋在內心已久的聲音：「我這一生，想要過什麼樣的生活？」

除了疫情之外，全球企業也因為俄烏戰爭面臨缺工、缺料的挑戰。在嚴苛的競爭環境之下，體質弱的企業應聲倒閉；體質強的，雖然業績屢屢創下歷史新高，然而訂單暴增帶來的並不全然是員工的幸福感。無止境的加班以及更多的KPI反而耗盡了情緒與體力，造成職業倦怠。

賺了錢卻沒命花的中年工作者與薪水遠遠跟不上物價的年輕人，出於對職場生活的失望與內在的覺醒，選擇加入YOLO族（「You only live once.」）的行列，YOLO的特性是：

一、不會等到錢賺夠了才開始追求自己想要的生活。

二、不會勉強自己迎合別人的期待。

三、享受獨處，追求內在的滿足。

四、重視人生意義的探索。

人們的想法開始改變，在企業裡追求晉升、加薪已不再是工作者的主要核心價值。當全球出現大離職潮（the Great Resignation），企業拿什麼來吸引人才？領導者拿什麼來留住員工、驅動績效呢？

近年來，我的高階教練個案暴增，主要的需求包括：

一、員工愈來愈難管，領導愈來愈吃力。

二、優秀人才不願擔任管理職，接班斷層。

三、員工創新動能不足，企業轉型困難。

四、領導者壓力暴增，情緒失控。

我認為，這些現象都是源自於企業舊有的管理領導體制遠遠跟不上外在環境變化的速度。那麼，是什麼原因讓企業無法像設計新產品一樣，快速設計出新的領導模式呢？

因為，領導者的「心」沒有升級！

改變，從領導者的心開始

從事企業高階教練以來，有無數位企業執行長問過我同樣的問題：我們公司曾經引進國外知名顧問公司的創新工具以及培訓，為什麼還是沒有用？

某次我問一位執行長：「你覺得這些工具沒用，那接下來你的做法是什麼？」

執行長說：「綁定KPI呀，沒有達成的給予懲罰，有達成的發給獎金。」

我接著問：「這樣有用了嗎？」

執行長說：「有用的話，我現在就不會問你了！」

我又問：「那你希望從我這聽到什麼答案？」

執行長說：「還有哪些有效的工具或管理制度嗎？」

「沒有。現在我只想給你看不見的東西。」我笑著說。

「把看不見的『心』找回來吧！」

執行長嘆了口氣：「員工的心啊，很難呀！」

我說：「**是您的心。您的那顆真心，才是讓養育創新的土壤再度豐盛的源頭。**」

執行長聽到這裡，陷入沉思，好半天沒說出一句話……。

什麼是執行長的真心呢？我請執行長從內心覺察，推動創新除了為了公司獲利之外，對於同仁的意義是什麼呢？如果對同仁而言，只是又多了一個讓自己倍感壓力的KPI，在心靈如枯竭的土壤，又怎麼會生出燦爛繽紛的花朵呢？

之後，這位執行長與我開始了為期半年、每個月一次一對一的教練晤談，我們的重點聚焦於執行長自己如何展現對於多元想法的包容，以及如何運用提問的方式激勵同仁的創意發想。

執行長告訴我，在這半年間，他收穫最大的禮物是開會時部屬慢慢敢提出不同的意見，甚至會看到大家在會議中爭相舉手、激辯觀點。他發現，領導者的心從只在乎創新的獲利結果，改變為先從自身樹立起創新的行為與文化，那麼，創新的種子就會自然發芽了！

什麼成就會值得你驕傲一生？

許多年以來，無論個人、企業或國家，甚至整個世界都深受「唯物論」的影響，相信只有物質才是真實的存在、只有物質才是永恆的，企業存在的價值好像只有通過營收、獲利來展現。而過去，我們也習慣以「有為法*」——例如獎懲、分紅、晉升等有形制度——來做為驅動員工行為的管理手段。

《金剛經》說「一切有為法，如夢幻泡影，如露亦如電，應作如是觀」，意思是一切依因緣而生的現象，都如同泡沫中的影像、早晨

*佛教術語，指會隨因緣變化而改變或消失的規則、制度等，也叫緣起法。

的露珠、天空的閃電一樣變幻無常，終有幻滅的一天，因此我們需要以這樣的思維看待世間的一切，不要因為執著而束縛了人們的本性。

我認為YOLO的興起代表著人類嚮往回歸追求幸福的本性，這也表示企業該是時候放下「唯物」思維，學習「唯識」的領導新文化了。

佛教的「唯識論」著重於「心」的重要性，認為所有一切現象、煩惱皆為心識而起。「唯」有唯獨、唯一的意思，「識」指的是我們心理的活動，也有明瞭、辨別的意思。**唯識論強調，「每個人都需要明瞭心的作為如何創造出我們自以為的幻相世界，而要想消滅其中所生的煩惱，唯有淨心。」**

世界的變化就像一個強大的漩渦，可以淹沒我們，也可以讓我們產生強大爬升的力量。在看似混亂的局面下，我們更需要馴服自己內心的不安，保持心的沉靜。心靜，複雜的問題得以淨化；生命的層次、企業的格局也才能進化。

二〇一九年，由美國兩百家最大企業執行長組成的商業圓桌會議，會中發表「企業宗旨」，重新定義企業在社會的角色。其中一段話或許值得身處台灣的我們共同思考：

「美國民眾值得擁有一個經濟體，在當中每一個人可以透過努力和創意成功，締造有意義和有尊嚴的人生。我們深信，自由市場體制是為所有人創造好工作、強大又永續的經濟、創新、健康環境以及經濟契機的最好方式。」

台灣呢？台灣民眾值得擁有什麼？如果你為人父母，你希望孩子擁有什麼樣的工作、為什麼樣的企業奮鬥？如果你是企業領導人，打造出什麼樣的環境，會值得你驕傲一生？

疫情、戰爭帶來了前所未有的破壞，但也帶來新的省思，有為法的時代過去了，新的領導模式將走向基於自由意志與人性平等的尊重，新世代的領導者將是一位能透過心的自覺，帶領他人走向內在豐盛、外在圓滿的教練型領袖。

壓垮部屬的那一根稻草是什麼？

很多主管以為，部屬離職可能是出於外部條件的吸引，或在離職申請表上常見的「職涯規劃」等冠冕堂皇的理由。但其實，同仁最後做出的離職決定，往往都在於「壓垮駱駝的那一根稻草」，而那一根稻草常常就是領導者最不以為意、但部屬卻很在意的感受問題。尤其是近幾年，新世代的價值觀與人際互動模式也常讓主管們大喊頭痛，面對新世代動不動就喊離職的率性，主管們也不得不開始調整自己的思維模式，以及學習如何與新世代的員工相處。

我想舉一個看似非常簡單的例子，這是在任何企業裡都可能隨時上演的劇碼。但我想請你跟著這個簡單的故事思考，什麼原因讓故事中的主管影響不了部屬，反而被他打敗了呢？

在這個故事裡，又隱藏著什麼樣的新舊思維呢？

有一次，某企業的廠務經理與我一對一教練晤談後，隨口跟我抱怨，某天一大早去巡廠，看見某一塊區域不乾淨，他認為會影響來往客戶對公司的印象，於是他直接找來負責打掃的年輕技師，心想花個兩分鐘提醒一下就好，但他沒想到部屬的反應令他大感意外。他說：「現在的年輕人怎麼這麼難搞？」

以下是經理與技師的對話：

經理對他說：「你打掃要認真一點啊。你看，灰塵這麼多。」

技師反駁他：「我有認真啊。」

經理又說：「我一看就知道你沒有認真掃，有認真還能掃成這樣？」

技師沒作聲，離開了幾分鐘，回來時，手裡拿著掃把對經理說：

「我是真的很認真掃。不然，經理你掃給我看。」

經理一聽簡直氣炸了，心想，現在的年輕人真的很糟，工作沒做好也就算了，對上也不懂得尊敬。正在想該怎麼好好教育他的時候，技師卻露出不解的眼神，看著經理鐵青的臉問：「經理，你該不會生氣了吧？唉，你們年紀大的人怎麼這麼愛生氣啊！」

看完這個案例，請思考下頁兩個問題，如果你是經理：

一、部屬的回應會引發你的負面情緒嗎？

☐ Yes　　　☐ No

原因：

二、當下你會如何處理呢？

1. 告誡部屬應注意職場倫理。
2. 罰部屬連續打掃三天。
3. 跟他比賽誰掃得比較乾淨。
4. 其他。

經理講完這個真實案例後，嘆了口氣說：「這年頭當主管真的很累，年輕人教不得又罵不得，現在連我自己生氣也要被消遣。」

這件事雖不是當天教練晤談的主題，但我認為有值得探討的意義。於是，我反問他：「你生氣什麼呢？」

經理眼睛睜得很大，很驚訝我會問他這個問題。他說：「教練，難道……你覺得我不該生氣嗎？」

我回：「我沒有說你不該生氣。我問的是，什麼原因讓你生氣呢？」

經理停頓了一會，面露不解地說：「教練，我以為你要幫我處理的是這位部屬的問題，沒想到你先處理的是我欸！」

為什麼我不跟經理直接討論如何處理這位部屬呢？

因為，我此時的角色是經理的教練，而我使用的方式，正是教練的提問技巧。

你也常常被部屬給打敗嗎？

什麼是「教練」呢？它與健身中心的教練有何不同？簡單地說，健身教練是鍛鍊人的身體，協助其達到身體的強健。而這裡所指的**「教練」則是幫助人們，透過覺察與心智的啟發，在身心靈平衡愉悅的狀態下，產生內在動力，進而創造高績效結果的方法。**

也常有人問我，那球隊的教練呢？讓我做這樣的說明，球隊的教練是一個「職位名稱」，如同企業裡的各階層、各功能的領導者，例如研發副總、行銷總監等。領導者為了帶領團隊解決問題、創造成績，會運用各種角色、管理方法來達成目標。比如，有些領導者慣用權威的方式，以制度、命令讓人服從；有些領導者則好為人師，喜歡以傳授知識來教導他人。而「教練」則是以提問取代直接給答案，著重於引發當事人覺察自我的慣性模式，進而改變行為，而這也是近幾年由西方帶入的新領導模式。

做為這位經理的教練，我被企業所賦予的責任是在每次的教練晤談中，協助主管自我覺察，並學會使用教練技巧解決自己在領導上的各種問題。

所以，教練提供的並不是「問題」的答案，而是「當事人」的自我提升之路。因為，所有的問題都是「人」搞出來的，而領導者想要搞定部屬，首要條件就是要學會面對自己、馴服自己的「心」！領導者可以從每一件小事中，學習覺察自己的內心如何影響自己的行為。

回到經理的案例，為了引發經理對於自己的覺察，我請他暫時先放下部屬的問題，把注意力移到自己身上，想一想，這個以往認為再也自然不過的反應（生氣部屬不尊重我）是怎麼產生的？而這個自然反應又如何影響我們的行為？

經理說：「我當然會生氣啊，因為我覺得他不應該這樣回應我，這種行為太不負責又太不禮貌了。」

我問他：「你期待當下部屬應該要有的行為是什麼呢？」

「我以前當部屬，如果被老闆指責，我哪敢吭一聲？趕快承認錯誤再掃一遍啊，這不是基本應該有的反應嗎?!」經理回答。

我說：「嗯，所以你生氣是因為部屬跟你預期的反應不同，是嗎？」

「是的！」

「那生氣之後，你採取了什麼做法呢？」

經理說：「我才懶得理他，我就把課長找來，叫他要嚴格督導屬下！」

我好奇是什麼原因，讓經理一開始選擇自己處理，這個時候卻要課長接手處理？

經理這時嘆了口氣，忍不住笑了出來：「我搞不過年輕人，我被他打敗了啦！」

我說：「你覺得，你是被他打敗，還是被自己打敗了呢？」

經理陷入了沉思……。

想改變部屬，先成為自己的教練

許多領導者看到問題，第一個直覺反應是「要求部屬做出主管所預期的改變」，而當部屬不再臣服於權威，或者做出的反應超出領導者心中所設定的行為時，領導者不是抱怨新世代「不好管」，就是無奈感嘆時不我予。也正因為這種一味想控制事情如自己所願的執念，引起了領導的種種煩惱。

但是，你也許會有這樣的疑惑：「領導者要擔起成敗的責任，難道不該要求部屬改變嗎？」

我在領導這條道路上的領悟是：想要改變部屬，自己就要先學習改變自己。只有我們自己走上改變的道路，我們才能深刻體會改變歷程中的種種困難與心境起伏，最終也才能發展出引領他人改變的能力！

也就是說，**在成為部屬的教練之前，領導者必須先成為自己的教練。**

在《金剛經》裡，弟子須菩提代眾生問佛陀：「我們要怎麼做，才能平息內心的煩惱呢？」佛陀回答：「善男子，善女人，發阿耨多羅三藐三菩提心，應如是住，如是降伏其心。」這句話的意思是：發心想要修行得到無上正知正覺的善男女，要能守住堅定修行的心，要能降伏與正知正覺相對應的妄見之心。

佛陀不細問眾生為哪些事煩惱，直接點出「一切唯心造」這個重點。所謂「一切唯心造」，是指我們眼中所見並非事實，而是自己內心所反映出來的景象。例如，主管心中認定「服從指示的人才是好部屬」，所以當部屬展現自我主張時，主管便會認為他不是好部屬。而領導者要能克服種種妄見之心所引起的現象與煩惱，就在於不斷地自我修行。

然而，修行是什麼？妄見之心又是什麼？我們又該如何降伏自心呢？

我個人對「修行」這兩個字的解讀是「修正行為」。我們就算不能修練成仙、成佛，至少我們可以透過內省、參悟，持續修正自己的行為，使自己不受心魔的控制，活得更加平靜、自在。

「妄見之心」則是引起我們各種煩惱的起源，想要從煩惱中解脫，首先要能覺知我們的煩惱是從什麼樣的見解、意念而生。例如，廠務經理看到部屬的行為，會與過去自己的經驗加以連結，在心中立即產生「我以前都是怎樣做的，所以我是對的，你是錯的」、「我是應該的，你是不應該」的評斷，當我們過度執著的於這樣的信念，而不從他人的角度去探討更多的可能性時，便是起了妄見之心，偏頗的妄見使我們看不清全貌，於是，我們用慣性思維進行反應，產生不了好的結果，煩惱便因此而生。

佛陀開示我們，若要斷除煩惱，就要從降伏這個偏頗的妄見之心著手。

讓內心的兩個「我」相互扶持

我們要如何降伏妄心呢？我認為教練之父高威在《比賽，從心開始》這本書裡提到的兩個「我」理論，可以與佛陀的「降伏其心」對照應用。

高威是一位網球教練，他想瞭解為什麼有些選手在正式比賽場上會表現失常。從他的觀察中發現，比賽致勝的關鍵，在於選手是否能夠管理好心中的兩個「我」。

高威認為，每一個人的內心世界都存在著兩個「我」，一個是自我①，既擔任teller、thinker，也扮演檢核者，負責思考、下指令、批判與鼓勵；另一個則是擔任doer的自我②，負責執行動作、展現潛能。

兩個「我」的互動品質，決定了成果的優劣。

球員上場比賽無法有好的表現，往往是因為自我①與自我②無法有效協作，例如自我①總是不斷質疑、恐嚇、干擾自我②的表現，或者自我①無法針對自我②的行為結果產生正確的對應，也可能自我②總是一意孤行，不理會自我①的指令。兩個「我」的不合作，都會造成球賽失利；但如果球員或教練能夠覺察這兩個「我」已經呈現失衡的狀態，及時給予調整，那麼結果就會大大反轉。

因此，高威認為選手要有高水準的績效表現，最好的合作模式是兩個「我」要攜手創造出身心愉悅、毫無雜音、高度專注的內在狀態。自我①要做的是給予自我②信任的能量，保持沉默、不加批判地覺察，當自我②受到外在干擾時（例如對方啦啦隊發出噓聲），自我①要能及時地給予安定的力量，並要求自我②把注意力拉回自己的表現上；自我②需要做的則是全神貫注、專注於比賽的當下。

高威的理論在我面對艱難時刻時總是能夠起到很大的作用。二〇二〇年，我和台灣最大的線上學習平台「大大學院」合作，推出我人生第一檔線上課程——教練領導學。對於大半輩子都在教學舞台上的我來說，一集十多分鐘，錄個二十堂課不過四、五個小時，應該是件很輕鬆容易的事，但當我開始與大大學院的夥伴討論課程結構、撰寫錄影前的逐字稿時，我才發現自己真的太天真了。

這個任務並非想像的那麼容易，要把原本至少十六個小時的課程內容，精簡、濃縮、萃取精華成一套有理論、能實作又有趣的線上課程，真的好難！好幾個深夜，我焦慮地坐在電腦前腸枯思竭，一遍又一遍改寫，卻始終寫不出滿意的內容。那段期間心裡一直有個聲音：「你完蛋了，這次你真的太自不量力了。」

進棚錄影的日子一天天逼近，我對於自己專業的懷疑也到達了最高點。有一天，我看著鏡中的自己，這個已經好久不曾見到的不自信狀態讓我突然驚醒，現在的困境不正是運用教練學的最好時機嗎？

於是，靜坐之後，我開始調整兩個「我」的運作。

我決定將自我①從原本的質疑改變成啟迪初衷的聲音，自我①說：「放下不成功的恐懼，把你所知道的、收穫到的教練樂趣、利益，分享給所有有緣眾生吧！就是如此簡單！」自我①喚醒了我對於推廣教練領導學的熱情，於是自我②不再受到干擾，漸漸地，我愈來愈能夠克服偶爾升起的負面雜念，把所有的注意力放在「做」的當下，不再有失敗的恐懼、自我的懷疑……。那一刻，腦子裡的聲音空了，打字的雙手卻像是連結上雲端資料庫似的，就這樣，我完成了二十堂線上課程的所有內容。

透過大大學院的推展，「教練領導學」順利上架、銷售，目前為止，我在教練學的路上又多了數千位夥伴與我共修共學。

這個歷程再度印證了**「所有的困境其實都是妄心的作用，心寧靜、和諧了，力量自然產生」**。高威的發現給了人們非常重要的提醒，那就是無論人生、職場或球場的比賽，比的不只是外在的技能，更是內心的比賽，而比賽考驗我們的是如何處理內心的兩個「我」的關係。

激發部屬的潛力，而非成為干擾

把高威的理論與佛陀的降伏其心運用在領導上不也是如此嗎？領導者與部屬的關係也好比自我①與自我②，主管往往扮演自我①，必須常常覺察自己發出的聲音、提供的環境，對負責執行的部屬——自我②——而言，究竟是干擾還是養分？自己是促進部屬成長的那個有智慧的自我①，還是抑制部屬發揮的妄見自我①呢？

要成為一位有智慧的自我①，領導者必須時時覺察自己，是否因妄見之心而做出不恰當的領導決策，再運用兩個「我」的管理方式，降伏自己的妄心、修正行為。

前面廠務經理的案例看起來非常簡單，但請你仔細回想，在每天的工作中，是不是也經常為這種「小事」而讓自己陷入情緒的起伏?!

在一個多小時的教練晤談中，經理發現打敗自己的其實不是部屬，而是自己的心念，我請他回想當時他的兩個「我」是如何作用的，左圖是經理的分析：

事件一　看到事實：廠內不夠整潔

自我①反應

這是誰負責的？

這人一定很混，要好好教育一番

↓

自我②反應

把當事人找來

斥責一番

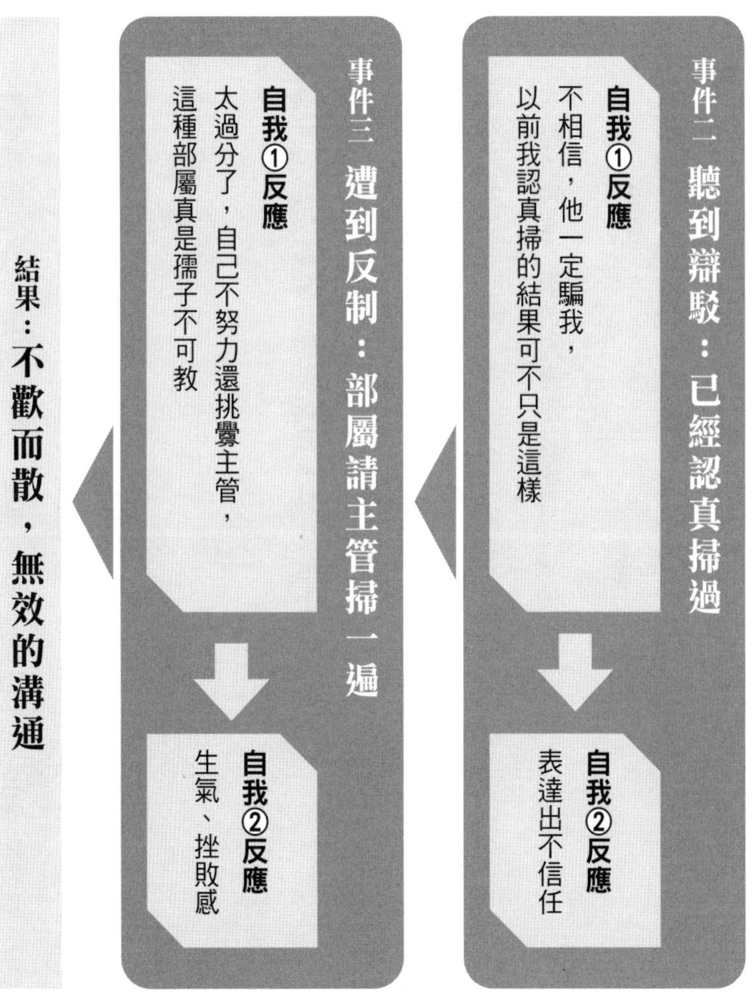
事件二 聽到辯駁：已經認真掃過
自我①反應
不相信，他一定騙我，
以前我認真掃的結果可不只是這樣
自我②反應
表達出不信任
事件三 遭到反制：部屬請主管掃一遍
自我①反應
太過分了，自己不努力還挑釁主管，
這種部屬真是孺子不可教
自我②反應
生氣、挫敗感
結果：不歡而散，無效的溝通

「在兩個『我』的對應中，你能不能看見自己受到哪些妄見的影響？可以怎麼調整呢？」我這樣問經理。

經理說：「應該就是自我①的想法，如果我放棄這樣的執念，我可能會想到其他的可能性。」

也許，這位部屬真的很認真，只是他不會掃地。

也許，部屬不知道所謂「乾淨」的標準。

也許，部屬沒有頂撞主管的意思，只是在他的成長背景下，讓他沒有長幼之分。

也許，部屬是真的想要跟我學習掃地的訣竅。

我請他覺察，自我①改變後，產生了什麼樣的變化？

經理說：「欸，說也奇怪，現在我覺得輕鬆很多，這事好像也沒有那麼嚴重。如果再重來一次，我就拿起掃把當場示範一次，請他做一遍，然後請他說出差異點。也許幽默一點，當場跟他比賽看誰掃得乾淨！」

結束晤談後，我給經理一個功課：將兩個「我」、降伏自心的方法套用在另一個令他困擾的事件。

教練領導者的五大特質

這個功課就是教練領導者的修行之一，而教練之路更是一條不斷修練心性的過程。因此，無論是在我的訓練課程、企業高階主管一對一的教練晤談或者在這本書裡，我都希望能夠陪伴領導者學習教練學，成為具備以下五項特質的教練領導人。

特質一：關心（Caring）

不只關注績效結果，更能發自內心關心「人」：關心部屬這個人心裡的活動狀態、他的真實需要、感受、行為形成的原因等。相反的狀態則好比父母只關心成績、主管只關心業績，卻不願意花時間瞭解創造出這個結果的人，也不想知道他的內在如何運作。

特質二：開放性（Openness）

放下對與錯的執念和批判，對所有事物與人保持好奇，不受過往信念框架的限制，接受一切都是有可能的。

特質三：覺察（Awareness）

對於當下的發生抱持覺知。當你陷入煩惱時，覺察煩惱因何而生；當行為的效果沒有更好時，請覺察你是否落入了妄見的圈套。請覺察你的兩個「我」是如何運作的；請覺察你是否能安住、降伏干擾你的妄見之心。

特質四：承諾（Commitment）

許下最真誠的承諾，沒有「我高你低」的權威姿態。期許自己能以平等心對待每一個人，對於環境、動物、人們給予慈愛的對待，承諾自己在修練生命品質的道路上，堅定不移。

特質五：幸福（Happiness）

追求幸福是每一位眾生的權利，一位好教練總是散發出正向、愉悅的能量，能觸動美好、幸福的感受。

初接觸教練的領導者看到這五項教練特質，常會以為很困難，但我總是說，這也許妄見之心作祟。我們之所以覺得困難，只是因為這不在我們慣有的領導模式裡罷了。我也曾聽到主管說「如果我成為這樣的人，那就不是我了！」有的時候我們不改變，那是因為我們以為過去的我、現在的我，就是唯一的我；但當我們願意抱著開放、探索的心態持續修行，你會發現2.0版的你、3.0版的你，那個不斷進化的「你」，其實早已存在於你的內在！

降伏妄心，管理兩個我

一、事件覺察：請回想最近發生的事件，寫下當時的自我①與自我②的反應模式以及產生的結果。

事件描述	我請部屬把專案細節定得更詳細，他卻說沒有必要。
自我①反應	根據我的經驗，那些細節沒有釐清可能出問題，部屬年輕不懂事，不知道問題的輕重。
自我②反應	試著跟部屬說明過去經驗以及潛藏的問題，希望他認同並照做。
結　果	經過勸說，部屬看起來勉強答應，但事後發現他沒有照做，好像還跟其他同事私下抱怨了一番。

二、兩個「我」的模式調整：請思考可以如何調整讓結果更好。

自我①調整	也許部屬有他的理由，不一定是年輕不懂事。
自我②調整	先詢問部屬的想法，再分享我的觀點，並請他想好可能的影響與對策。
調整後結果	雙方有「交流」的感覺，不再是命令模式；也可以知道部屬的想法，一起尋求讓他更樂意去做的方式。

善男子，善女人，
發阿耨多羅三藐三菩提心，
應如是住，如是降伏其心。

——金剛經

發心想獲得自在解脫的人們，要以正確的觀念與覺知，堅定修行、降伏妄心。

1. 修行就是修正自己的行為、不受慣性思維控制，透過內省與參悟達到更好的生命狀態。
2. 教練是以提問取代給答案的無為法，注重引發當事人對自我反應模式的覺察，進而改變行為。
3. 卓越的表現需要覺察與管理內在的兩個「我」。
4. 想要馴服別人，先學會馴服自己的內心。

德有所長而形有所忘，
人不忘其所忘，而忘其所不忘，
此謂誠忘。

——莊子．德充符

第2課

教練可以讓領導更輕鬆？

部屬比你想的更優秀，可能嗎？

請想像這樣的情境：一隻貓接到「過河」的任務，但貓不會游泳，也不會飛，於是，他向身為主管的貓頭鷹請教過河的方法。

請問如果你是貓頭鷹，會如何回應？

1. 將此任務改派給小魚。
2. 幫貓報名游泳課，定期追蹤確認學習成效。
3. 對他說：「不要怕，你要不斷突破限制，勇敢游過去吧！」
4. 其他。

你也許會覺得這個案例中的貓頭鷹主管很瞎，怎麼會將這個任務分派給沒有過河能力的貓呢？所有的領導書不是都告訴我們應該要「適才適所」嗎？

在平穩的時代，這個理論也許是對的；但當我們面臨因為外在環境變動所帶來全新的、過去從未想像過的挑戰時，我們該思考，組織內是否有足夠多適所的人才？我們應該不斷挖角、汰換員工？還是把原來只會做特定任務的人才變成不斷進化的人才？

我在企業任職時，常常接到其他部門主管的要求，要培訓部門開設各式各樣的課程，需求起源都是來自於「部屬的能力限制」。主管企圖透過培訓方案讓部屬具備完成任務能力，的確，有些人學習之後成效卓著，但有些人卻無法展現在績效表現上。當年，身為培訓主管的我一直思索，造成學習效果差異的原因到底是什麼？

後來我發現，課程內容、講師素質雖然重要，但更重要的是派來上課的「人」，是不是對的人。如同貓咪過河的案例，過去企業習慣的做法是，把貓派來上游泳課，講師當然是聘請擅長游泳的小魚，或是擅長飛翔的鳥兒。但是，無論如何學習，貓永遠無法成為魚或鳥兒，即使他用盡洪荒之力，拚命地模仿學習，終其一生也只能成為「比較像」魚或鳥兒的貓。

有些主管看到培訓效果不佳，乾脆採取「適者生存、不適者淘汰」的策略，直接把部屬送上任務戰場。主管認為在旁邊搖旗吶喊，要部屬不顧一切往前衝，就是一種激發潛力的方式。然而，許多部屬往往就在這種「沒有技術、沒有彈藥、只有盲目傻膽」的情況下，面臨一次又一次的挫敗，最後甚至導致「陣亡」。

身為人力資源主管，每次看到資質不錯的員工離職，總是感到惋惜，但讓我更心疼的是人才因為不當領導，造成自我否定、內在力量薄弱，變得更加自我設限、失去了挑戰高目標的勇氣。

教練領導的關鍵：看、問、用

以貓咪過河為例，教練領導者可以怎麼做，才能幫助貓完成任務呢？其關鍵在於：

看——看清問題本質。

問——運用提問技巧。

用——善用部屬天賦。

看、問、用，這三個字，是我多年來從企業教練實務中淬鍊出的心法，只要能夠活用這三個字，領導將變得更加輕鬆。

先來談談「看清楚問題的本質」。什麼是「本質」？依據國家教育研究院《教育大辭典》的解釋，本質是「辨別事物的主要標準與依據」；依據《維基百科》的定義，所謂的本質，是指「一種永遠不變的屬性，是根本所在」。舉例來說，我們常說「這人本質不壞」，指的是這個人與生俱來的根本天性，例如善良、溫暖等，而外人因為能辨識出其本質，就能夠依此判斷此人不壞。所以，教練領導者在協助貓部屬之前，要先思考以下兩個與本質有關的問題：

問題一：判斷貓是否完成任務的依據是什麼？

①過河。

②學游泳。

③學飛翔。

問題二：任務的根本意義是什麼？

①讓貓鍛鍊出解決各種問題的能力。

②打擊貓的自信，讓他覺得自己不如人。

答案都是①。既然任務的本質是藉由過河任務，鍛鍊貓咪解決問題的能力，那麼主管就可以放下要貓成為魚和鳥這種不切實際的念頭，而把重點放在「貓可以用什麼方法過河」的任務本質上。

掌握了問題本質之後，讓我繼續完成貓的故事，以下是教練領導者貓頭鷹與貓的對話：

貓問：「貓頭鷹主管，我不知道要怎麼過河？」

貓頭鷹這麼問：「你打算怎麼做呢？」（目的：瞭解貓解決問題的思維。）

貓說：「我想學魚游過去、學鳥飛過去。」

這時，貓頭鷹請貓走到河邊，看著水面上的自己，問貓：「你看到什麼？你看到魚、看到鳥了嗎？」

貓說：「不，我看到我自己。我不是魚、也不是鳥，我只是一隻貓。」當貓看到自己的真面目時很沮喪，因為他以為要完成任務，得要先成為別人，而他最大的打擊就是發現原來自己根本就不是別人。

這其實也是許多人痛苦的來源。在傳統的職場教育下，我們都被迫穿在同一套衣服裡，被迫扮演著同樣的一種人，我們雖然感到這衣服穿起來並不舒服，甚至有點喘不過氣來，卻也漸漸接受，甚至成為自己的思考慣性。

但如果我們能在慣性的軌道上保持清晰的思辨，提醒自己回到「本質」的探討，就能去思考什麼是「我」的本質。

魚之所以會游泳，是因為有鰓能在水裡呼吸、有浮鰾可以升降、有鰭能控制方向，老天在他身上安置這些功能，魚才能以游泳的方式活在河裡，魚才能夠成為魚。那貓呢？老天給了貓什麼？

於是貓頭鷹問：「是的，你是貓，那麼，想一想，貓會什麼呢？」（目的，讓貓把想要成為別人的念頭回到自己身上。）

貓想了想，回答：「嗯……，貓很會觀察環境、因應環境，用彈性的方式解決問題。」

貓頭鷹接著問：「很棒呀，那你好好觀察一下。你觀察到什麼呢？」

貓咪專心、仔細觀察河水的變化，他說：「我觀察到河水正在慢慢消退。所以只要等一下下，我就可以在退潮的時候，跑到對岸了！」

這時，貓頭鷹氣定神閒地拍拍手說：「哇，你太棒了！」

這樣的領導者是不是很輕鬆呢？教練領導者透過提問引導部屬發現，阻礙他完成任務的並不是能力，而是對於本質天賦的遺忘！

如何問出好問題？

在我教練晤談與講課的經驗中，主管們最常問的問題是：要怎麼樣才能問出好問題？

我對於「好問題」的定義是：能夠引發學習者思考、探索與發現，進而成為自主學習、具有解決問題能力的人，這就是好的提問。最顯而易見的判斷依據就是，如果被教練者因為你的提問有一種「啊哈」、眼睛裡出現亮光似的頓悟，那就表示我們問了個好問題！

而要能夠問出好問題，教練本身的心態更是重要的關鍵。

一位好教練，不只要能運用技術，還要能展現良好的「心態」。唯有心技合一，才不會讓對方覺得教練只是炫技、為了提問而問，或只是透過不斷的挑戰、評斷對錯來展現教練的優越感。因為，教練的本質是為了幫助對方覺察、讓對方具有自行解除成長障礙的能力，教練要創造的是充滿和諧、療癒、啟發的教練歷程，陪伴對方克服恐懼一步步走上自我探索、展現天賦的成長之路。

在第一課中，我提到教練的特質，你可以搭配這五項特質，在提問時練習調整自己的心態。

教練心態檢視表

特　質	教練領導者心態	傳統領導者心態
關　心 Caring	關注「人」	關注事情的結果
開放性 Openness	認為一切都是有可能的，具有好奇、探索的心態	認為事物都有標準答案
覺　察 Awareness	著重引導當事人自我發現、覺察	具主導性，想控制事情的發展方向
承　諾 Commitment	平等、尊重地對待對方，相信對方有能力	認為我是專家，相信我（主管）過去的成功經驗
幸　福 Happiness	認為正向、愉悅更能帶出力量	認為壓力、恐懼可以驅動行為

在正確的教練心態下，我們就更能夠避開以下三種最容易破壞教練氛圍的語言模式：

地雷一：以「為什麼」詢問對方

例如：你為什麼不馬上開始呢？你為什麼不去請教資深同仁呢？你為什麼績效不好呢？

以「為什麼」來做為提問的開頭，很容易讓對方有壓迫感，他會覺得被質疑、被挑戰，主管可以改成詢問：「我們來思考，『什麼原因』讓你沒有馬上去做呢？」

「為什麼」聽起來似乎在質疑對方沒有行動力；而「什麼原因」則讓對方聽起來，覺得你更在意原因的探索，這代表「我相信你之所以還沒有採取行動，一定有你的原因」，被教練者會因為你的同理而更願意敞開心胸。

地雷二：以「你應該」直接指示

例如：你應該去找更多資源、你應該在行動前先評估風險。

這種說法展現的是非教練心態，讓對方產生一種「教練高於我」的不對等感受。主管可以改問：「你認為要有好的成果，你還需要做些什麼、考慮什麼？」

「你應該」的說法表示主管心中已有標準答案，並認為部屬想不出更好的方法，所以直接給予指導，而「你認為還需要做些什麼」這種說法，傳遞的是「我相信你有思考的潛力」，這將會增進部屬的信心。而當主管願意聆聽部屬的想法時，往往會驚訝地發現，原來部屬遠比自己想像的更優秀。

地雷三：以「我以前」開講

例如：這個問題我太熟了，我以前都是這樣做的。

這種說法很容易讓部屬產生抗拒，認為主管總是倚老賣老，「我以前」這三個字反映的深層含意是「我的經驗很寶貴，你應該照我的樣子活著」。部屬可以相信你是依此經驗走出成功，但不相信的是他可以成為你，或者他並不想跟你一樣，因為他有獨立的人格與思維。

領導者必須學習放下自我的經驗，以更開放、好奇、平等的心態，引導部屬探索他的成功模式，主管可以問：「你曾經用過什麼方式讓你成功解決問題？」這個問法把主管的焦點從自己轉移到部屬身上，這在莊子的哲學裡是一種「忘」的鍛鍊。

如何善用部屬的天賦？

《莊子》內篇〈德充符〉中有句話：「德有所長而形有所忘，人不忘其所忘，而忘其所不忘，此謂誠忘。」這是出自於一篇講述衛靈公與闉跂（唸作「因其」）的故事。闉跂是一位跛腳、駝背、兔唇的人，他前去遊說衛靈公，衛靈公並沒有因為他的外貌而拒絕他，反而非常喜歡他。衛靈公說，因為闉跂德性過人，因此讓他忘了外貌的缺陷。莊子的故事總是看起來簡單，但卻意義深遠，我想莊子是提醒我們是否總是不忘記本該忘記的，卻忘記不該忘記的。例如，我們應該忘掉外在皮相，不忘記直觀其心；本該忘掉功名利祿，不忘生命意義……。因為人們總是把該記得的忘掉，卻把該忘掉的牢牢放在心上，如此錯置，活成了既痛且苦的顛倒人生。那麼如果把莊子的「忘」應用在領導上呢？

我們是不是總是記得自己的成功模式，卻忘了每一個人和我們一樣，都擁有成功經驗？

我們是不是只記得自己解決問題的方法，卻忘了領導者的責任是培養部屬的自主能力？

我們是不是總記得部屬不如另一個人，卻忘了部屬也有自己與生俱來的天賦？

我看到許多領導者之所以總是耳提面命，想把畢生功力灌注在部屬身上，出發點其實是出於善意，總希望自己的成功經驗可以讓部屬少走些冤枉路。然而，管理大師彼得．杜拉克（Peter Drucker）曾說：

「只有從自己的長處著眼，你才能夠做到卓越出眾」。他認為唯有深刻地認識自己、發現天賦、深化天賦，才是有效獲致成功的不二法門。所以，如果主管能夠尊重並善用每一個人的天賦，會不會讓領導更輕鬆、成果更易達成，同仁也更自信快樂？

談到這裡，也許你和大多數的主管一樣，會升起兩個疑問：

一、什麼是天賦？我該如何知道天賦所在？

二、如果我們都只運用自己的天賦，那是不是也是一種活在舒適圈的不長進？

所謂的天賦指的是天分，在某一個特定領域具有天生擅長的能力，或是熱情的所在。如果你尚未發現你的天賦所在，建議你可以回溯從小到大的經歷，做哪些事比別人更容易取得好成果，或是做哪些事即使歷經痛苦，你依然激情莫名、樂此不疲。也就是你覺得自己是為了做什麼事而生，以及你想用一生的時間做出什麼貢獻。

我一直認為我最大的幸運，就是能夠從事自己所熱愛的事業，從人資、培訓講師、人才發展顧問到高階主管教練，每一個角色都讓我得到心靈的豐盛與滿足，這除了是源自於我習慣探索內在的聲音之外，更是因為在人生道路上，我能遇到願意告訴我「我是誰」以及「為什麼是我」的貴人。

精準提問，讓領導更輕鬆

多年前，我在一家科技公司擔任人資主管，董事長很兇又霸氣，公司裡沒有人不怕他，但他卻是幫助我更深入認識自己的重要人物。

在我到職幾個月後，有一天，我打算向董事長報告我在瞭解、觀察公司一段時期後所提出的人資策略與執行計畫。我走進辦公室，畢恭畢敬遞上我的提案報告。董事長揮揮手說：「我不需要看，你先回答我幾個問題。」

一、你知道我每天都在煩惱什麼嗎？

二、提案可以解決我的煩惱嗎？

三、你的方案需要哪些人參與？要花多少時間、多少成本？可以解決到什麼程度？

四、有沒有想過其他更能降低成本、提升效益的方案？

這四個問題，讓我發現董事長真的是一位聰明的領導者，這不僅讓他省去閱讀一份可能是無效提案的時間，也可以測試我在這幾個月內，是否足夠敏銳地觀察公司的現況，以及是否有能力掌握老闆最重視的關鍵議題與發展相對應的對策。

當我一一回答完問題後，董事長點點頭說：「嗯、很好，看來這幾個月，你沒有白白浪費公司給你的薪水。」

正當我以為可以過關時，董事長突然問我：「你提的方案很好，但為什麼是你？」我嚇了一跳，一時不知道老闆為什麼問這樣的問題，只好傻傻地說：「因為我是人力資源主管啊，不是本來就該由我來執行嗎？」

董事長不滿意這個回答，不耐煩地說：「人資主管有什麼了不起，走在竹科裡，隨便都可以碰到一大堆所謂的人資主管。我要問的是，你有什麼樣的能耐，能夠把方案落實做好！」

這時我明白了，老闆的提問提醒我，策略成功的本質在於「人」。方案是死的，環境也會變化，只有對的人才可以把好方案執行到位，並且有能力在與理想落差的現況中發展出解決的對策。

當時我年紀輕，發呆了三十秒，實在想不出來我和其他人有什麼不同，也不知哪來的「斗膽」，我居然跟董事長說：「那您可以告訴我，當初為什麼會錄取我嗎？您閱人無數，我一定有什麼讓您放心的優點吧？」

董事長沒想到我居然有膽子反問他，愣了一秒鐘，大笑了幾聲，他說：「我看上你的就是你這種不怕權威的特質。你和別人不一樣，不怕跟我說話。還有你的學習能力不錯，像現在，還知道學我問問題。」

董事長說：「會提方案的人資主管到處都有，但是敢挑戰權威，並且能用不卑不亢的態度以及恰當的溝通方式，為自己取得平等關係的人資主管卻很少見。你提的方案很不錯，但這個案子要能夠成功，需要你有勇氣、有技巧地去影響職權比你大、位階比你高的副總們，你對人資的熱情與這些特質正好可以用上。我很放心，你放手去做吧！」

那場對話不到一小時，董事長始終沒有翻開我的計畫書，他用四個問題確定了我的人資策略與方案的適切性，他藉由對我特質的觀察，提醒我在執行策略的過程中，無論遇到什麼阻礙，都不要忘了運用自己的熱情與長處，勇敢地迎向挑戰。

找到「非你不可」的貢獻

那幾年因為董事長獨特的領導風格，我在竹科的日子過得非常充實愉快。每次提案，我不需要花時間準備一大疊簡報，我知道「只要」能夠提出令他滿意的答案（雖然董事長的問題從來都不容易回答，例如，當我打算推動企業文化專案時，他問我「他與競爭對手的經營者有何不同」、「公司產品的未來性與競爭者的差異」），我就能夠獲得資源與授權，董事長的邏輯是領導者只要精準提問，確認主事者是對的人，一切就會往對的方向走。

董事長對我的鍛鍊深深影響了我，是我日後成為獨立顧問的養分。每當企業邀約顧問案時，我總會問自己三個問題：

一、對我而言，這項任務的本質是什麼？只是為了賺錢？還是可以解除他人的痛苦？

二、什麼原因非我不可？

三、我的天賦能夠為客戶帶來什麼貢獻？

當我思考這些問題後，我便能明確做出接案與否的決定。如果我對這項專案的貢獻有限，市場上也有其他的顧問能做，我便會婉拒，寧可把時間花在準備自己以及全力專注於其他客戶的價值貢獻上。

看本質、問問題、用天賦，這三招對我而言就像是佛教裡的《心經》一樣，幫助我以不變的定律因應混沌不明的萬象變化。

也許主管們會擔心，如果只做天賦能做的事，是不是太不長進了？這個問題可以從兩方面來思考。首先，以CP值而言，一個人從毫無天分到平庸，要比從一流到卓越所花的努力要多得多；其二，天賦是展現於某些事物上，但卻不應自限於那些事物。例如，擅長數學的人，不一定只能成為數學家。也就是說，我們通常是透過做某些事知道自己的天賦所在，但如果我們不以完成那些事物自滿，能將天賦持續精進、應用延伸至新的領域，那麼天賦就會像是生命中強大的引擎，一次又一次地帶著我們看見新的世界！

領導的本質正是在於協助他人成長，學習用精準的提問解放天賦。就讓「看、問、用」使你的領導更輕鬆吧！

課後鍛鍊 —2— 提問練習

練習寫下三個你想向部屬提問的問題，並確認是否符合教練領導者心態。

◆ **提問：**

例如：什麼原因讓你還沒有採取行動？你的考量是什麼？

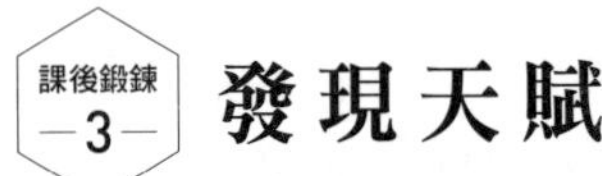

課後鍛鍊 —3— 發現天賦

請思考以下三項提問，從中發現你的天賦所在。

◆ **提問1：你擅長什麼領域？又熱愛什麼領域？**

例如：我擅長語言、歷史、經濟學，對於籃球、心理學也很熱愛。

◆ **提問2：你有哪些能力或特質讓你能在上述領域取得好成果？**

例如：我很有耐心，觀察也很仔細，喜歡瞭解人、與人對談。

◆ **提問3：你可以將這些能力或特質運用在哪些新領域？**

例如：用於瞭解部屬，調整團隊的組織架構。

德有所長而形有所忘，
人不忘其所忘，而忘其所不忘，
此謂誠忘。

——莊子．德充符

有才德者會讓人忘記他的外形。人若不忘記本該忘記的，卻忘記不該忘記的，那就是真忘。

1. 教練幫助他人成為自己。引導他人知道自己是誰，比要他模仿誰更重要。
2. 教練領導三字訣：看（本質）、問（問題）、用（天賦）。
3. 應避免的提問模式：①為什麼；②你應該；③我以前。
4. 天賦展現於某些事物上，卻不應自限於那些事物。

正則靜，靜則明，明則虛，
虛則無為而無不為也。

——莊子・庚桑楚

第3課

不當教練的領導，行？不行？

你，想帶出什麼樣的團隊？

銷售同仁A君生重病返回工作崗位後，因體力無法負荷每週兩次晚間值班服務客戶的規定，私下商請其他同事代班。三個月過後，同仁紛紛向銷售經理抱怨勞逸不均，並認為組織內不該有人享有例外的特權。在無法擴增人力編制的情況下，銷售經理做出將A君調職的決策，卻引起A君不滿，認為把他調離自己最喜愛又擅長的職位，無疑是為了逼走他。

請問如果你是銷售經理，你會如何處理？

1.自己加入晚間值班的行列。
2.召開會議請所有同仁共體時艱，繼續支援A君。
3.訂出寬限期，屆時恢復A君晚間值班，如仍無法勝任工作要求，則婉言說服接受調職。
4.其他。

前述案例中的銷售經理在一對一教練晤談時，他問我，該如何說服A君接受調職？

這位經理上任三年，年輕有幹勁，在他的帶領下，該據點的業績突飛猛進，在長官的眼裡，他絕對是一位優秀的明日之星。

我問他：「什麼原因讓你認為調職是最好的決定？」

經理說：「因為只有這樣才能向公司申請遞補人力，也才能化解其他同仁對於公平性的不滿。」

我跳出經理所設定的議題範圍，請教經理，他想成為一位什麼樣的領導者？希望打造出什麼樣的團隊？

他回答：「現階段，達成績效指標是我的主要目標，我希望能夠打造出具有戰力、團隊合作、且公平的職場環境。」

我問他：「調職的決策是否符合你所說的『戰力』、『團隊合作』以及『公平』？」

他很快回答：「當然都有啊，A君無法在晚間輪值，勢必會因為接待的客戶數降低而影響戰力。同仁們也因為他的關係，導致工作時間增加，的確是有些不公平。」

我接著問：「以上的判斷是從主管的觀點，還是同仁的觀點？如果從A君的觀點呢？」

他沉默了一分鐘左右說：「教練，其實我做出調職的決策，心裡是很糾結的。我知道A君很辛苦，生病並不是他的錯，但做為主管，我不是應該從多數人的利益以及組織目標來作考量嗎？」

「那麼，既然很清楚自己的決策依據，糾結又來自於哪裡呢？」我請他靜心思考這個問題。

經理說：「雖然我覺得主管做困難決定時心要狠一點，但我還是會為A君感到難過，畢竟他是一位很努力的同仁，以往績效表現也很不錯……。但因為不確定他還需要調養多久時間，所以我真的不能為了他一個人犧牲其他同仁的權益。況且，同仁們的抱怨已經明顯影響團隊工作氣氛，我只好忍痛做出決定。」

從以上與他的對話中，我發現經理之所以會做出這個決策，主要是因為他對於「管理與領導」的認知不夠完整，而他內心的糾結又源自於人性中最可貴的「善念」。

我能感覺出來，行為與內在的衝突讓他在看似肯定的答案中，依然有種無奈的情緒。於是我想與他探討，主管是不是一定得要「狠心」做出困難的決策？

我們可不可以不違背自己的心，以圓熟的智慧引領出兼具人性與理性的決策？

「管理」帶人，「領導」帶心

首先，讓我們來釐清「管理」與「領導」的差異。

領導的英文leadership可以拆成leader、ship兩個字，請想像一下，在船上，你是位領導者，在航向目的地的過程中，你會遇到哪些情況？你該做哪些事情？

在航行中，你可能會遇到來自於內外部的各種問題，例如，船員技能不足、因彼此的歧見而引起衝突、船員與船長間產生信任危機、對目標不認同等；此外，遭遇瘟疫疾病、暴風雨、暗礁、海盜、糧食缺乏、船體毀壞、船員跳槽等問題，也都會造成無法抵達終點目標的結果。

但更重要的是，船長自己面對各種「境」的心態，以及是否能在各種情境下，恰如其分地發揮最適合的功能。做為一位領導者，如果在心態上已做好「上船，必有風浪」的準備，那麼就能以一顆安定不慌亂的心，按部就班地著手預應。

領導者是透過管理與領導來做好各種「境」的因應，船長除了需要處理各種管理工作，包含規劃航線、依據目標甄選適合的船員、進行培訓、訂定工作計畫、分配資源、制定規範等，也必須運用領導，激勵船員產生願意與你同行的渴望與堅定達成的信念。

簡單地說，**管理偏向目標、控制、效率，大多需要依賴組織所賦予的權力地位來執行事務工作**，我把這些歸類於硬技巧；而**領導則在於贏得人心、激發積極的態度，並促進團隊合作，驅動成員朝著正確美好的願景前行**，這些則屬於軟技巧。

管理和領導，有什麼不一樣？

管理	領導
1. 招聘與訓練人才	1. 激勵、發展人才
2 管理目標與績效標準	2. 創造能引人嚮往的願景
3. 制定作業規範	3. 引領改變
4. 布署資源	4. 建立信賴關係
5. 執行策略	5. 規劃具競爭力的策略
6. 監督制度	6. 形塑企業文化

領導者做正確的事，管理者則把事情做對，這兩者需要取得適當的平衡。管理過多而領導過少，將導致組織氣氛緊繃、向心力不足，也會因為過度關注現況細節而失去追求理想的熱情與勇氣；相對地，過少的管理則可能造成作業混亂、人員無所適從，產生空有美好願景卻無法落地實現的結果。

因此，優秀的主管需要具備軟硬兼施的技術，也就是成為兼具理性與感性特質的領航者。

回到前面的案例，你是否能看出銷售經理的「調職」決策比較偏向管理還是領導呢？

答案是「管理」。他看重的是作業規範、績效目標，而他有待開拓的思維則是「如何在決策中展現領導力」，這也是為什麼我會請他思考「他想要成為什麼樣的領導者」的原因。

我認為這個問題非常重要，角色定位影響決策行為，定位清楚了，決策就不會左右搖擺。在我的教練經驗裡發現，主管之所以感到痛苦，有的時候是因為做決定的「他」與內在自我期待的「他」不一致而產生了「角色衝突」。比方說，銷售經理認為自己是一個良善、有同理心的人，卻因為「管理者」的角色而必須忽略內在聲音，做出自己不見得百分之百認同的決定。這種內外衝突不僅可能造成決策緩慢、反覆，時間長了，甚至會因為討厭這樣的自己而導致身心俱疲。

理解角色設定，才能引導行為

二十世紀最具影響力的美國社會學家托卡・帕森斯（Talcott Parsons）曾與德國社會學家拉爾夫・達倫多夫（Ralf Gustav Dahrendorf）、歐文・高夫曼（Erving Goffman）共同發展出「角色理論」。他們的研究發現，「角色」制定了指導行為的藍圖，同時還會依此劃定追求的目標、執行的任務以及如何在何種特定的情景下執行。角色理論認為，我們外在的日常社交行為和互動，有很大一部分是由扮演角色的人所定義，就像劇場中的演員一樣。

社會學家認為角色理論可以預測行為：如果我們理解特定角色的期望，我們便可以預測這些角色的行為。角色不僅引導行為，還會影響我們的信念，角色理論認為人們會改變態度來符合所設定的角色。所以，改變行為需要透過改變角色。

銷售經理的案例非常符合角色理論的研究，在他的認知裡，他是一位管理者，為了確保目標達成、資源分配公平，他必須抑止內心對A君的同情。當我們清楚銷售經理的角色設定，也就不難理解他為什麼會做出「調職」的決策了。

如同我從事教練工作也有一個角色設定，我認為教練最主要的任務，並非僅僅在當事者所設定的議題中提供「把事情做對」的方法，更重要的是引導人們從心思考、做出身心合一的決策，並傳播良善的力量。

於是，我繼續向銷售經理提問：「如果從領導的角度思考，有什麼新的觀點嗎？」

經理想了想說：「調職的決策看起來解決了同仁的抱怨，但從領導的角度，似乎無法激勵同仁，也無法建立彼此的信賴關係。其實，前幾天我曾經找幾位同仁討論，有位同仁就提醒我，這個決定太冷酷了，可能會產生類比效應。也許有些同仁會想，以後自己生病會不會也遭受同樣的對待。但最近因為壓力太大搞得我很煩，所以只想趕快把這個事情解決掉……。的確，現在想想，這真的不是一項最好的決策。」

「那麼，要從何處思考，才能找到對的決定呢？」他問我。

我說：「還是要從心著手。」

心平靜了，問題自然迎刃而解

《莊子》雜篇〈庚桑楚〉中有一句話「正則靜，靜則明，明則虛，虛則無為而無不為也」，莊子認為惡、欲、喜、怒、哀、樂這六者是擾亂我們心靈的束縛，去掉這些束縛能讓我們的心回到正道，心正則平靜，人在平靜的狀態，就能一心不亂、心思清明，清明則能幫助心靈虛空。所謂的虛空並不是要我們放棄一切不做決定，而是不做出違背自然之道的刻意作為，不被雜念羈絆，自然也沒有辦不成的事，這是一種高度自由的境界。

那什麼是正道呢？我認為是回歸到仁、義、禮、智的普世價值。做決定時只要問自己是否符合這四個原則，心自然就能得到寧靜。

莊子也說「欲靜則平氣，欲神則順心，有為也欲當，則緣於不得已，不得已之類，聖人之道」，要求得內心安靜，首先要平定怒氣，想要體會神妙的境界則要順應內心，要有所作為恰到好處，就要順著情勢而行。這種順勢而為的智慧，就是聖人之道。

我請銷售經理先放下對績效影響的擔心，思考在A君事件中能夠得到什麼啟發？是否可以順應此事，帶出更好的改變？

銷售經理思考了一會兒，眼中似乎出現了一道光，他說：「我想這個事件正是考驗我們是否真正能夠做到團隊合作。我們每個人、家人都可能會像A君一樣，我們一定不會希望自己或家人被如此對待。另外，A君業績一直很好，但過去總是獨來獨往，有時還會跟同仁搶客戶，這也是這次大家不太願意幫忙的原因，我會從這個角度思考更具體的作法。」

第二次教練晤談時他告訴我，他的做法是：

一、重新檢討晚間值班的制度，不再從每人的輪班次數做為公平與否的考量，而是從同仁的個別需要來考慮。例如，對於較沒有自行開發客戶能力的新進同仁來說，值班幾乎就是他們唯一的客戶來源，至於像A君這樣的資深人員，值班反而不見得能產生最大效益。

二、指派A君擔任新進同仁的小老師，請他運用豐富的經驗指導新進同仁。

我問他：「這決定跟『調職』相比，哪個更令自己感到開心？」

他說：「當然是這個啊！因為這個決定讓我更像自己。」

他告訴我，這期間他與A君做了一次懇談，並且「偷偷」學我用了教練技巧。他引導A君思考，在這次事件中，他看到自己與團隊的關係如何？這與過去自己的哪些行為有關？他可以做出哪些改變來贏得同仁的支持？

在這次面談中，A君因為銷售經理的態度改變，願意放下以往與經理敵對的態度。在面談中，他也藉由經理的提問得以向內省思，A君表示他會在早會時公開向同仁道歉，但當經理邀請A君擔任小老師時，他卻有點猶豫，因為他只知道怎麼做好銷售，卻不知道如何教人。

據經理的描述，A君是一位極愛面子的人，他擔心做自己並不熟悉的事，無法產出好的成果。

我問：「那麼，你打算怎麼做，才能化解A君的擔心呢？」

經理笑了笑說：「這我不擔心，我打算每週與A君開會一次。我會教導他如何從銷售人員的個案中找出需要加強的技能，我也會把過去輔導失敗的經驗分享給他，避免他跟我一樣踩雷！」

看起來，他的心情真的好轉了不少！

主管的三大功能

莊子常要人們順勢而為，我想是因為所有事物的發生都是老天精心巧妙的安排。莊子說：「唯達者知通為一，為是不用而寓諸庸。庸也者，用也；用也者，通也；通也者，得也。」莊子提醒我們，如果能在日常的事物中看到大自然的法則，明瞭萬事萬物都是一體相通的，那就是接近「道」的境界了。

在A君的案例中，身體上受苦的是A君，心靈上困擾的是經理，其他同仁則因為這件事而打亂了時間安排的秩序。但運用莊子的思維來看，事件中的三方皆是一體，一方的不圓滿對於整體而言依舊不圓滿。因此我常認為，當發生不如意的事情時，就如同缺了角的圓圈，正是老天藉此讓我們從中學習、調整，重新回歸圓滿正道的契機。

A君事件最後圓滿解決，在這過程中經理重新釐清了「管理」與「領導」的角色，在這兩個角色中，他恰當地發揮了三種功能，分別是：調整制度、指派A君任務的「管控」功能；分享自身經驗的「老師」功能；以及以提問引發思考的「教練」功能。

管控者、老師、教練這三項功能，可以說是主管的工具箱，只要能靈活運用，可以幫助我們把「管理」與「領導」的角色扮演得更好，這三者功能的不同在於：

一、**管控者**：通常擁有組織賦予的權力，因此管控者要能夠下指令、定目標、分配資源等，有時甚至必須做出困難的決定。

二、**老師**：提供教導，給方法、答案，把自身經驗傳授給同仁，使其具備完成工作的能力。

三、**教練**：運用提問引發對方思考，幫助當事者掌握盲點，點燃內在動能。

如果依據功能完備的程度來區分，則可分為以下三種主管等級：

三級主管：僅發揮「管控者」的功能。重視績效數字大於人，認為只要達成目標數字，就是完成主管的任務。這類主管能夠管理、追蹤、控制日常事務的正常運作，但由於缺乏與人互動的軟技巧，在他的帶領下，容易生產出「工具人」般的員工，團隊缺乏熱情。

二級主管：「管控者」＋「老師」。除了重視日常作業的管理，確保目標達成外，二級主管也好為人師，認為「不教而殺之謂之虐」，喜歡分享、傳授經驗與知識，但往往往容易受限於自身的經驗，而弱化了部屬想像與探索答案的能力。這類主管因為習慣給出答案，所以常常搞得自己很累。

一級主管：靈活扮演「管控者」＋「老師」＋「教練」。一級主管知道何時該勇敢地運用權力給出明確的指令，也知道何時該放下主導權，退居幕後讓同仁在舞台上發光發熱；他不只傳承己身經驗，也明白放手的藝術；他瞭解生命的意義在於探索與學習。這類的主管會帶出一支有靈魂、有熱情、有創意的高綜效團隊。

你可以運用下一頁的「主管行為習慣表」，來確認自己較偏向發揮哪一種功能，並瞭解自己目前屬於哪一個主管等級。

主管行為習慣表

功 能	行為習慣
管控者	☐ 1. 我勇於做出管理決策 ☐ 2. 我喜歡數字化管理 ☐ 3. 我重視工作的成本效益 ☐ 4. 我花較多時間在檢討事情的進度 ☐ 5. 我重視結果
老 師	☐ 6. 我喜歡跟部屬分享自己的經驗 ☐ 7. 我會提供部屬完成工作的有效方法 ☐ 8. 我重視部門內的學習活動 ☐ 9. 我總是不厭其煩地叮嚀部屬該注意的事項 ☐ 10. 我認為主管的職責就是教導部屬具備工作所需的技能
教 練	☐ 11. 我常運用提問激發部屬思考 ☐ 12. 我常引導部屬看見自己的長處 ☐ 13. 我習慣使用正向、肯定的語言 ☐ 14. 我相信部屬具有無限的潛力 ☐ 15. 我注重自己和部屬的身心靈平衡

說明：請依據平日的行為進行勾選，勾選的項目愈多，則代表你愈習慣發揮該類功能。

你想成為什麼樣的領導者？想帶出什麼樣的團隊呢？一級主管正是莊子所說的，在有所為、有所不為中，展現順勢而為、順應天道的智慧。

課後鍛鍊
—4—

邁向一級主管

◆ 1.在主管的角色上，我較偏向何者？

□管理　□領導

◆ 2.我較常發揮什麼功能？

□管控者　□老師　□教練

◆ 3.未來三個月，我希望增加哪幾項行為的展現頻率？

正則靜，靜則明，明則虛，
虛則無為而無不為也。

—— 莊子．庚桑楚

去除惡、欲、喜、怒、哀、樂等束縛，能讓心回到正道，心正則平靜、心思清明，進而心靈虛空，不刻意作為，也沒有辦不到的事，這是真正的自由。

1. 管理是使「人」做好工作，領導是贏得「人心」。
2. 角色引導行為，改變角色的設定就能改變行為。
3. 萬事萬物一體相通，從不如意事件中體會自然法則，鍛鍊順應情勢而為的智慧。
4. 一級主管靈活發揮管控者、老師、教練三種功能，知道何時當為，何時不為。

今子有五石之瓠，
何不慮以為大樽而浮乎江湖，
而憂其瓠落無所容？
則夫子猶有蓬之心也夫！

——莊子．逍遙遊

第4課

直接汰換員工比較快？

松鼠員工為什麼離開爬樹的工作？

你發現，新進同仁到職後的表現不如面試時你對他的預期，這時你會如何處理？

1. 以無法勝任為由，資遣他。
2. 更換適合他的任務。
3. 提供教育訓練。
4. 其他。

新進部屬表現不如預期是許多主管很頭疼的問題，在給予訓練補強技能、更換職務等決策之前，領導者該思考些什麼？

先讓我跟你說個故事。

動物王國裡有一些職務出缺，工作的內容是爬樹、摘果子。松鼠和火雞分別前來參加面試，部門主管火雞先生依據任務內容錄取了松鼠，他滿心相信自己找對人，今年部門績效肯定沒問題。

一批新血松鼠進公司沒多久，火雞先生便發現這群「新鮮人」爬樹的效率沒有想像中快，工作態度也很不積極。這讓火雞先生很生氣，氣沖沖地跑去人資部，指責新人入職培訓效果不彰，並要求人資部協助換掉這批松鼠，重新舉辦招募會與培訓。

人資主任長頸鹿小姐訪談了幾位申請離職的松鼠，松鼠們滿腹怨言地圍著長頸鹿小姐說個不停。松鼠A說：「我們到職的第一天，火雞先生要求我們爬樹，卻一直說我們動作不對。拜託欸，他是火雞，怎麼知道如何爬樹呢？」

松鼠B說：「對啊，他還拿一本自己製作的爬樹SOP給我們，我們一看都笑死了，結果火雞先生更生氣，每天就在樹下指著我們罵！」

松鼠C說：「火雞先生只是要我們一直爬樹，還定了KPI，但我不懂，爬這麼多樹的目的究竟是什麼呢？」

松鼠D說：「你們比我好多了，我還被派去爬仙人掌呢，搞得我全身是傷，只好離職！」

長頸鹿小姐把這些訊息轉達給火雞先生，火雞先生聽了之後更加不滿，他說：「我是主管，難道不能用我的方式要求嗎？松鼠心態有問題，下次錄取火雞吧！」

你覺得這個故事荒謬嗎？但，在職場上卻隨處可見這樣的例子。

在這個案例中，值得思考以下五個問題：

一、什麼原因使火雞主管當初錄取松鼠，到職後卻不滿意呢？
二、什麼原因使火雞主管會要求松鼠依照SOP執行動作？
三、什麼原因使火雞主管會指派松鼠爬仙人掌？
四、什麼原因使當初被火雞主管看好的松鼠們選擇離職？
五、對你的松鼠部屬而言，你是火雞主管嗎？

以上問題，我將從三個方向來統合說明：

一、主管自心的變化。
二、影響績效的關鍵要素。
三、部屬類型與輔導策略的適切性。

面試與用才，主管為什麼兩套心態？

擔任人資主管時，我發現主管們在面試與用才時的心態有些變化。在面試狀態下的主管總是目光灼灼地仔細觀察應徵者的優缺點，當發現對方的優點剛好是完成工作所需的才能時，便會流露出「愛才」的眼神；通常，也是因為主管的這種眼神打動了應徵者願意到職的心，主管也會因為找到對的人而心生歡喜。

但當人才就任崗位時，主管的態度就有明顯的轉變，「愛才」的眼光不見了，出現的是在工作中總是能找出缺點的「火眼金睛」。主管認為能夠遵守工作規範、服從主管指示才是符合企業文化的「好員工」，而一位好員工，也必須接受任何任務。

原則上，主管想的並沒有錯。問題是工作規範、主管指示、企業文化、任務屬性有沒有調整的必要？當我們要求員工服從的時候，回想當初面試時，我們可是因為應徵者「有自己獨到的想法」而欣賞他的，不是嗎？

尤其當我們帶領才能高於自己的部屬時，會不會因為內心的作用（例如，心虛、害怕被超越等），不自覺擺出主管的權威姿態，而硬是要求部屬在某些我們自己並不擅長的領域上聽從我們的意見？

領導者如何超越心的負面作用而不受雜染呢？禪宗六祖惠能的故事也許能夠提供我們修練的方向。

五祖弘忍大師要傳授衣缽前，要求弟子們寫出一偈詩，以此來決定衣缽要傳給誰。當時，弟子們公認神秀的程度最高，當神秀在牆上寫下「身是菩提樹，心是明鏡台，時時勤拂拭，勿使惹塵埃」，大家一看，簡直佩服得五體投地，認為衣缽傳人肯定非神秀莫屬。當時不識字的惠能在廚房打雜，聽到大家都唸著這句偈詩，認為神秀對於佛的參悟還不夠透澈，於是便請人幫忙代筆寫下「菩提本無樹，明鏡亦非台，本來無一物，何處惹塵埃」。弘忍大師看了之後，便決定把衣缽傳給惠能，而惠能因此也就成了禪宗六祖。

神秀對佛法的體會是，身體就如同智慧的樹，心是清明光亮的鏡台，必須要常常擦拭，才不會受到世俗的污染；而惠能則認為，這世間本來就清澄無染、空無一物，既然一切皆空，也就沒有所謂的世俗雜念，內心又何來塵埃呢？弘忍大師認為神秀的體悟「未見本性，只到門外，未入門內」，而惠能則能直指本心無染無著、不垢不淨，在境界上高於神秀。

我在二〇〇八年決定離開企業成為獨立顧問，便是因為在職場上看到太多人因為「心」的影響而產生許多虛妄的作法，例如為了鞏固地位而排除異己，為了討好長官而壓榨部屬，為了達成績效而欺上瞞下。這些亂象正是因為人們的心受到功名利祿等世俗觀所影響，而在企業裡的人們卻要因此耗費許多不必要的力氣與時間，無止境處理這些「本該無一物」的「塵埃」。當時常有人勸我，接受這無法改變的現狀，認為「參與遊戲」並在遊戲中獲得自己想要的利益，也是一種人生學習。但人生苦短，我只想把時間致力於美好的創造。

如果，你我心中都曾對純淨的世界產生嚮往，領導者希望夥伴們能夠不受干擾、專心一志地發揮潛能，那麼就從修練自心做起吧。至少從神秀的「時時勤拂拭」開始，反觀內在，時時向自己提問「我的心，是否依然清澈如鏡」、「我的行為，受到什麼雜念妄想所影響」。領導者隨時拂拭內心，漸漸就能「明其妄心、見其魔性」（魔性，指的是惡性、苦性、假象）。最終，我們會發現，所有一切令我們苦惱的現象，終究來自於心念的顯化，正如惠能大師所說，本來無一物，何處惹塵埃！下一頁就以火雞先生的案例說明如何將神秀與惠能的偈詩用於自心的轉化。

心的變化

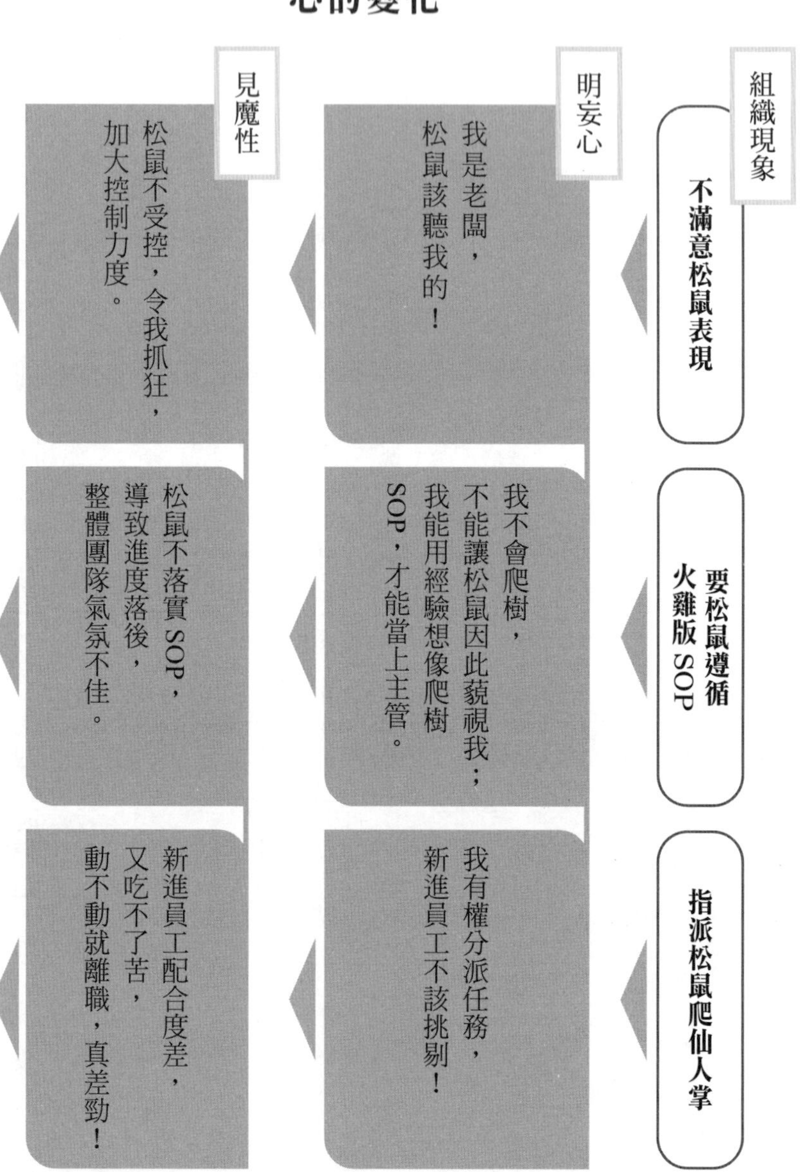
組織現象
不滿意松鼠表現
要松鼠遵循火雞版 SOP
指派松鼠爬仙人掌
明妄心
我是老闆，松鼠該聽我的！
我不會爬樹，不能讓松鼠因此藐視我；我能用經驗想像爬樹 SOP，才能當上主管。
我有權分派任務，新進員工不該挑剔！
見魔性
松鼠不受控，令我抓狂，加大控制力度。
松鼠不落實 SOP，導致進度落後，整體團隊氣氛不佳。
新進員工配合度差，又吃不了苦，動不動就離職，真差勁！

拂拭自心

是松鼠沒有爬樹能力，
還是沒用我的方法爬樹？
什麼使我非要松鼠聽話？
我內心的真實信念為何？

錄取松鼠是因為其天分，
還是因為他的聽話？
什麼使我無法信任他？
我真正擔心的是什麼？

我視部屬為下級或夥伴？
指派任務的目的與意義？
部屬真的吃不了苦，
還是不知「苦」的價值？
這個任務利他利己，
或只是用來展示權力？

本來無一物

- **本心無染無著**：沒有對權力的貪著、你高我低的傲慢、對自己專業不足的擔心。
- **讓對的人做對的事**：松鼠用天賦爬樹，火雞完成激勵、信任建立、資源提供等。

影響績效高低的三大指數

主管要能夠輕鬆帶出績效，首先必須掌握績效的產出要素。從累積將近二十年的人才評鑑大數據中，我與顧問團隊共同分析出「長期穩定產出高績效的人才樣貌」。我們將超過八十項的指標與個人績效、組織績效、企業獲利、離職率，進行各種交叉統計分析，發現有三項指數是影響績效高低的關鍵（請見下一頁的績效模型圖），分別是：**勝任指數**、**快樂指數**以及**價值指數**。

勝任指數指的是同仁是否具有勝任工作的技能與特質；快樂指數則包括同仁對工作本身、同儕互動、職場環境、主管領導模式、身心健康、才能發揮、幸福感受等指標的滿意程度；價值指數則是指同仁認為組織是否具有產業競爭力、是否具有未來性、自己在此企業服務是否有光榮感、投入與收穫的比較、自己能否造成組織改變的影響性等。

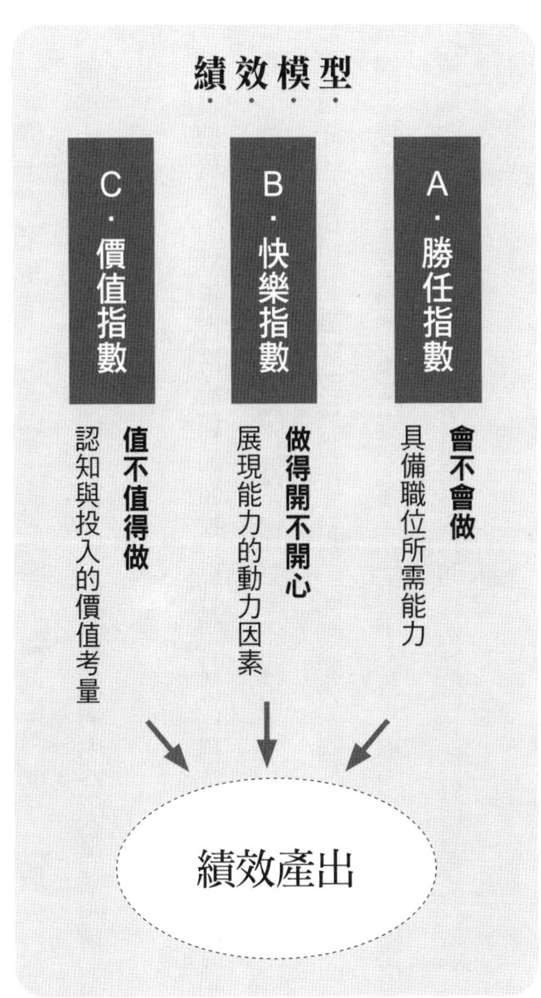

我從上百家企業、數萬名主管的案例數據中證明，一個人只要「會做」、「開心做」、「值得做」，就能夠創造出令人驚豔的績效成果。

這項實證的結果也恰恰與前面我提到過的普仁羅華所說的那句話「身心靈愉悅的過程，將會讓你贏得比賽」不謀而合。

首先，你可以為團隊成員製作一張「部屬績效影響因素評估表」。舉例來說，某新進同仁與某資深同仁在工作中各有不同的現況，你可以依據對兩位的互動與觀察，參考該表的範例進行評估分析。

【範例】新人與老鳥的評估比較

勝任指數	評估項目	分數	說明
新人	■態度 □知識 □技巧 □特質	1分	1. 學習與工作態度佳，專業知識、技巧待補強 2. 常忽略工作細節 3. 有時因為溝通問題，引起其他部門誤會
老鳥	□態度 ■知識 ■技巧 ■特質	3分	1. 勝任原職務，KPI 均達標 2. 支援其他單位的新任務，具備所需知識、技巧與特質 3. 會抗拒新任務

快樂指數

	新人	老鳥
評估項目	■對於工作本身滿意 ■對於工作環境滿意 ■對於領導模式滿意 ■同儕互動 □才能發揮 ■幸福感受	□對於工作本身滿意 □對於工作環境滿意 □對於領導模式滿意 □同儕互動 □才能發揮 □幸福感受
分數	5分	0分
說明	1. 態度積極 2. 開會常發表意見 3. 偶爾暗示自己能承擔更重要的任務	1. 多次表示對支援任務沒興趣，近一個月常請假 2. 常與新單位主管起衝突 3. 抱怨同事能力不足

價值指數

	新人	老鳥
評估項目	■與業界比較，部門具有競爭力 ■工作有光榮感 ■部門具有未來發展前景 ■我能促進改變 ■我的薪酬等收穫與投入相當	□與業界比較，部門具有競爭力 □工作有光榮感 □部門具有未來發展前景 □我能促進改變 ■我的薪酬等收穫與投入相當
分數	5分	1分
說明	對組織與自己相當有信心	1. 新單位績效是倒數第二 2. 該員自認有能力做出貢獻，仍抱怨調任是浪費時間，唯一好處是能準時下班

運用「部屬績效影響因素評估表」進行分析後，你看出其中的問題了嗎？

新人：工作愉快，對於自己能進入公司工作感到光榮，雖然本職學能尚不成熟，但仍對自己充滿自信。主管輔導的重點可聚焦於分析出新人需要培訓的職能項目以及優先順序，並具體訂出績效、行為的標準，逐步幫助他習得知能、應用知能，進而產生良好的績效成果。

老鳥：與新人狀況相反，因能力強被派至新單位擔任救火部隊，但從表中可看出，主管在調任前可能並未與老鳥進行充分溝通。該員與單位主管、同事相處並不融洽，可能與老鳥所在意的光榮感、領導模式以及同事能力落差有關，因此主管的輔導重點可聚焦於2W1H。

What	Why	How
老鳥在新單位的具體任務是什麼？	老鳥的哪些能力符合任務的需求？（當初調任的原因）	老鳥如何有效影響任務中的新單位主管、同事等關係人，以達到最好的合作效果？

辨別部屬類型，因材施教

領導生涯中，我們會遇到各種不同類型的部屬。年輕時的我，情緒總會因為部屬的行為而受到挑動。回顧主管之路，交織著難過、憤怒、感動、滿足與喜悅……，而我，就是這樣從跌跌撞撞中發現，原來各種類型的部屬之所以來到我的面前，其實是老天為了要考驗我的彈性韌度與領導心性。

從「意願」與「能力」兩個構面形成的矩陣，可以區分出四種類型的部屬。

前面所提到的新人為C類蠻牛部屬；老鳥從本職學能來看，本該屬於千里馬，但由於不當的領導，反而成為意願低落的璞玉。

運用這個分類時，主管需要留意兩個重點：

一、部屬在分類上的落點會因為任務的不同而產生變化。例如業績好的銷售人員擔任主管後，可能會從千里馬變成蠻牛。

二、分類的目的在於更加落實對部屬的觀察，以及管理策略的因應，千萬不要形成標籤化，造成對部屬個人的刻板印象。

部屬類型

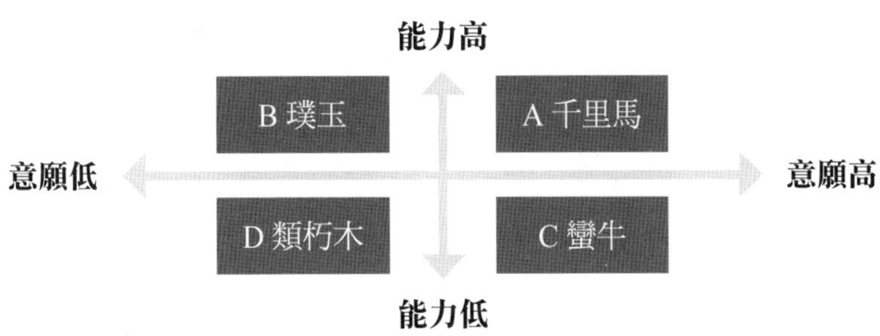

如何輔導不同類型的部屬？

千里馬

特徵

- 績效表現好，很有想法
- 自我要求很高
- 不見得是乖乖牌

原則

- 主管適合扮演**教練**
- 採**二要一不要原則**：

↓**要**給舞台，提供空間

↓**要**用提問引發智慧

↓**不要**處處顯示主管優秀，硬要給指示

璞玉

特徵

- 是璞玉，卻不願展現光芒
- 對指派任務沒興趣
- 工作久了而倦怠

原則

- 主管適合扮演**教練**
- 採**收放療癒原則**：

↓**收人心**：以教練式對話，引導部屬覺察內在情緒

↓**放下控制**：別用考績控制

蠻牛

特徵

- 新人容易成為此類型
- 有衝勁，但放錯力氣而搞砸

原則

- 主管適合扮演老師
- 採**圍欄原則**：
  ↓**建圍欄**：建立 SOP 助其逐步上手，避免踩雷
  ↓**給養分**：提供培訓並密集指導，先求對再求好

類朽木

特徵

- 不想學、自我期許低
- 磨練主管的耐力與智慧

原則

- 主管適合扮演**管控者**
- 採**安置三原則**：
  ↓設定改善目標與輔導計畫
  ↓進行回饋檢核，約定考核
  ↓若仍未見改善，在尊重下另行安置

不同類型的部屬需要主管調整輔導作為，這不僅考驗主管的彈性應變，也考驗主管有多少耐心能夠在幫助部屬成長的道路上堅持下去。許多主管問我：「一定要花這麼多時間輔導部屬嗎？直接換掉不是更有效率？」面對這類問題，我總會請他思考：「為什麼我要當主管？」

我想所有當上主管的人大概都曾經後悔過，當初真不該接受這種錢少、事多、責任重，又會被部屬惹火的爛差事。坦白說，這種念頭也曾盤旋在我的腦海中，最終讓我脫離煩惱苦海的是，我問了自己這個問題：「為什麼那個人會是我？」

從A類到D類，這四種類型的部屬我都遇過，每次遇到管理困境時，我總在想「主管」這個工作存在的意義是什麼。經過不斷的探索，我的答案是**「領導，不是工作，是天命！」**

為什麼受氣的人是我？為什麼那個讓我氣到頭皮發麻的人會來

到我身邊？我後來仔細觀察每一位部屬，發現這些人真的不是故意出錯，也不是真的不努力，而是「人，真的生而不平等」！有好幾次我坐在辦公室裡，環顧四周，我會想，我憑什麼坐在這裡？

當然有時我也會心生妄見，認為自己因為能力好、夠努力所以得到這一切。但再深究下去，如果能力是一個人來到世間的「配備」，那麼老天給我較好配備的目的是什麼呢？

我想，應該是要我藉由「主管」這個職位，來幫助人們「配備升級」吧！

學習莊子「巧用」的智慧

任何一件事，都有老天寶貴的旨意。我喜歡讀莊子，因為莊子總要我們活在這凡間俗世時，要記得以日、月的高度來俯看我們所正在經歷的一切。當我們能克服自己迷亂的心、領受老天的旨意，我們才能發現生命其中的意義。

然而，當你承接天命後，領導者的日子並不一定從此變得一帆風順。我們會發現，有些部屬並不能在我們所設定的軌道上產出我們所期待他發揮的功能，這時我們可以在莊子與惠施的對話中，學習莊子「巧用」的智慧。

惠施向莊子抱怨，魏王給他一些葫蘆種子，但種出來的葫蘆太大，用來裝水不夠結實，拿來當水瓢又太大。惠施說：「這葫蘆雖大，但對我來說實在沒有什麼用處，所以我就把它打破丟棄了。」

莊子回答：「今子有五石之瓠，何不慮以為大樽而浮乎江湖，而憂其瓠落無所容？則夫子猶有蓬之心也夫！」

莊子的意思是，惠施既然有五石大的葫蘆，與其煩惱大葫蘆沒有用處，為什麼不把葫蘆綁在身上當浮球，悠遊於江河之上呢？惠施抱怨葫蘆不好用、沒有用，其實是自己限制了葫蘆的功能想像，是自己在「使用」上的思考不夠通達啊。

我自己也有這樣的經驗，曾經因為某部屬沒有達成我在某方面的期待而否定他，但當我放掉這個念頭時，才驚訝地發現，真正的問題是出在自己對於用才想像力的限制！承接你的領導天命，巧用每位部屬，你會發現在你的部門裡，處處皆是可用之才！

部屬分析與輔導對策

挑選一位部屬，觀察他的狀況，練習填寫下表。

績效影響因素	勝任指數	快樂指數	價值指數
分數			
狀況說明			
部屬類型	□千里馬 □璞玉型 □蠻牛型 □類朽木		
輔導對策			

今子有五石之瓠，
何不慮以為大樽而浮乎江湖，而憂其瓠落無所容？
則夫子猶有蓬之心也夫！

——莊子·逍遙遊

你有五石大的葫蘆，為什麼不綁在身上悠遊江河，而去煩惱葫蘆不好用、沒有用呢？你的抱怨其實是源於自己在「使用」上的思考不夠通達啊。

1. 觀察自心變化，本來無一物，自心無塵埃。
2. 影響績效的三大指數：勝任指數、快樂指數、價值指數。
3. 以教練功能對應千里馬、璞玉，以老師功能對應蠻牛，以管控者功能對應類朽木。
4. 承接天命，巧用部屬，幫助部屬配備升級。

依般若波羅蜜多故，心無罣礙，
無罣礙故，無有恐怖，
遠離顛倒夢想，究竟涅槃。

——心經

第5課

慈悲與愛會塑造濫好人主管？

你關愛的是部屬還是績效？

某企業協理收到行銷經理提出的晉升名單，但協理認為人選並不恰當。當他退回這份人事簽呈後，行銷經理非常反彈，立刻發出一封郵件表達不滿。行銷經理言明如果不認同他的提名，就等於不認同他這個主管，他打算辭職求去。

這些年，行銷經理在用人方面一直受到總經理質疑，總經理認為該部門之所以績效停滯，正是因為行銷經理總是用人不當。協理夾在中間，深感苦惱。

請問如果你是協理，會如何處理這個情況呢？

1.堅持退回人事案，剛好趁此機會換掉績效不好的行銷經理。

2.請行銷經理先提升部門績效之後再提人選。

3.請行銷經理參加人才甄選的培訓課程。

4.其他。

某企業的事業群協理在與我進行教練晤談時，提出以上議題。他一方面很確定經理提出的人選並不符合該職務的要求，一方面又很擔心經理最後真的會選擇離開，為了這事，他已經糾結了兩個星期。

我問他：「你最不希望看到的結果是經理離職嗎？」

他說：「是的，雖然他這兩年表現並不好，但畢竟他在公司十幾年了，老客戶對他的評價還不錯，部門內的資深員工也以他馬首是瞻，他如果離職，對內可能會造成不小的動盪。萬一他到競爭對手公司任職，更有可能帶走客戶，那對公司的業績會造成很大的影響，當然我也會更累！」

他一邊說著，我一邊把關鍵詞「客戶」、「資深員工」、「公司績效」、「我」分別寫在便利貼上。我請他思考，在他描述離職事件造成的影響時，唯獨缺少了對當事者行銷經理的衝擊描述，那麼，如果從經理的視角來看，會有什麼不同嗎？

協理愣了一下，說道：「他如果選擇離職，應該也會感到很挫折吧！他一定會覺得我們是藉此機會逼走他的。」

我問：「什麼原因讓你認為經理會這樣想？」

原來，經理這兩年工作表現不太好，常遭到總經理責罵，整個人愈來愈沒自信，也愈來愈容易負面思考，每次遇到有人與他意見相左，他總認為別人在排擠他。

我接著問協理：「這兩個禮拜，曾經想過其他的解決方案嗎？」

他說：「有的，我也曾經考慮過，與其讓他離職，倒不如乾脆去說服總經理接受這份人事案，我想造成的影響總比客戶流失來得小。但我仔細評估過，這不會是最好的決策，因為這幾年他已經夠累了，再晉升一個不適任的主管，績效還是不會有大突破的。」

我好奇是什麼原因，讓協理這兩個禮拜以來都沒有與經理深談。

協理說：「哎呀，這個人脾氣很暴躁，個性也很自大，就我瞭解，他很難聽得進別人的建議。我雖然是他的主管，他也常常一言不合就頂撞我呀。」

我問：「那他的優點是什麼呢？當初他是怎麼坐上這個位置的？」

協理不假思索地回答：「教練，你知道嗎？以前他可是戰功彪炳，幫公司成功打進了好幾個國家的市場。我剛進公司的時候很崇拜他，他可是我學習的典範呢。只是他這幾年的成績不好，所以總經理才把我從其他的事業處調過來，我就因此成了他的老闆了。面對他，我壓力也很大呀。」

論年資、年齡、產業經驗，協理少於經理。我問他，這是他感到壓力的原因嗎？

協理點點頭說：「是的。其實我很清楚，當初把我調過來，公司的用意應該是藉此激發出他的好勝心，看看能不能讓他因此而振作起來，這讓我有點尷尬。所以除了檢討工作，我平常跟他很少互動。」

聽完這段話，我發現兩人的內心都藏有一份孤寂感，原本可以成為互助夥伴的他們，卻因為有所罣礙，而形成了現在的陌生。

如何去除心中的罣礙？

《心經》裡有段文字：「依般若波羅蜜多故，心無罣礙，無罣礙故，無有恐怖，遠離顛倒夢想，究竟涅槃。」

這句話的意思是：菩薩依究竟圓滿的智慧，看清所有人、事、物皆源自於因緣。因緣聚合時形成現狀，因緣離散後現狀就會改變。當內心明瞭什麼是真、什麼是假，不被顛倒的假象所迷惑、束縛時，自然就無所罣礙，無所恐懼了。

舉例來說，協理自認為資歷不及經理，當初的偶像變成部屬，自己怎麼有資格管他呢？這是罣礙。協理認為經理脾氣不好、常頂撞他，所以最好沒事別碰面。這也是罣礙。

如何去除罣礙呢？方法有兩個：

一、心中常存利他，從幫助他人的角度思考，什麼樣做法與結果能對他人產生最大利益？

二、學習佛陀的智慧，告訴自己所有的事物都不會永遠不變，快樂是無常、痛苦也是無常，現在的煩惱是所有因緣和合的產物，以清明的智慧才能破除行動的束縛。

於是，我請協理先放下心中的罣礙，單純從「人」的觀點，嘗試體會一位戰將面對輝煌不再的現況，會有怎樣的情緒。

協理說：「唉，說真的，如果我是他，可能還做不到他現在的樣子。他負責一個新產品，一切都是全新的市場，公司裡沒人做過，他願意扛起這樣的責任很了不起。只是，每次開會他總是花很多時間抱怨過程中的困難，以及其他部門不願意主動支援，但總經理只關注他的績效數字。」

我問：「你覺得經理心裡苦不苦？這時他需要什麼呢？」

協理說：「他當然苦啊！這時可能需要有人理解他……可是教練，這跟我剛剛提到的人事決策有什麼關係呢？您覺得我是不是該用更多的證據，來向經理說明課長的不適任？」

我說：「我知道你急著想在yes、no的兩端做出一個選擇，但無論你給他是yes or no的答案，你認為這是增加還是減輕他的『苦』呢？」

我接著問：「你最想看到的狀況是什麼？是他能走出低潮，再創高峰吧！如果是的話，你願意伸出慈悲的手，成為那位能同理他，並把他拉出泥沼的人嗎？」

協理很肯定地點點頭說：「是的，我希望他能找回以前的光榮感，如果我能夠幫上忙，肯定願意。但我還是無法因為『同理』，就

『慈悲』地通過人事案啊！」

於是，我和他分享「慈悲」、「同理」的看法，以及如何從中尋找出一條更具智慧的中道。

身為主管，有慈悲的權利嗎？

在職場中，領導者很容易把「慈悲」視為「嚴格」的對立面，認為慈悲是一種縱容、溺愛、放寬標準的消極性領導，領導者往往擔心，懷抱著慈悲的心會讓自己成為濫好人，再也無法嚴格要求績效。

然而，什麼是慈悲的真義呢？

在佛教史上具有崇高地位的龍樹菩薩*對於慈悲的解釋：

「慈」是「予樂」，「悲」是「拔苦」。

*龍樹菩薩是佛教中觀學說的開創者。

也就是說，如果我們能夠做到「帶給他人快樂、與人同喜，並且還能為他人拔去痛苦」，那就是一位慈悲的人了。

從這個觀點，領導者可以自省，自己的領導模式是哪一種？是帶給他人快樂，還是剝奪他人快樂？是帶給他人痛苦，還是拔除他人痛苦？

我們總是要求員工要「樂」在工作，卻忘了，領導者往往是左右工作者快樂與否的關鍵人物。

為他人創造快樂，是領導者「慈」的體現。在這個案例中，協理願意協助經理一起找回榮光，是把經理帶到「樂」的境界。

至於「悲」，古人造字真的挺有意思，一個「非」、一個「心」，構成了「悲」這個字。我的解讀是，一位領導者在與他人同悲時，還要引導部屬覺察、進而更正創造出自己悲苦現況的「非心」（不恰當的心念）。

因此，慈悲的領導者必須兼具智慧，才能引領部屬拔除苦根，踏上樂土。

協理聽完之後說：「教練，我知道了。我會先告訴他我當年為什麼崇拜他，我想應該很久沒有人跟他說這些了。我也會請他回想一下，當年是怎麼帶領團隊衝出好業績的。回顧過去的光榮歷史，他一定會很開心。之後我想跟他一起檢視團隊的人才布局、交流每個關鍵職位需要的能力，再來討論組織結構怎麼調整，希望能夠很快與他一起走出困境。」

「說真的，調職以來，我一直沒有和他好好聊過。我想，我們彼此都有一些心結，我不知道他的態度會如何。但，開啟合作就從我開始吧！」協理這樣說。

從協理的這番話，可以看出他願意面對自己的罣礙，同時也已經掌握到「予樂」的部分，至於「拔苦」還有最後一哩路。

於是，我請協理思考：「除了透過人才調整可以讓組織的溝通與協作更順暢之外，對於經理本身的負面思考，有什麼方式引導他改變呢？」

這時協理面有難色地說：「這真是個挑戰，我擔心一碰觸這個話題，他會一股腦地開口抱怨。我當然知道現在績效差也不完全是他一個人的責任，其實公司答應給他的資源也沒完全到位，但老闆也有他的考量。總之，這不是一時半刻馬上能解決的，我怕談了半天，也只能表示同情而已。」

我請他先暫停思考這個問題的解答，感受一下現在對經理的看法，與一開始跟我描述經理的問題時的感覺有什麼不同？

他說：「一開始談這個問題時，我覺得都是經理的問題，現在突然覺得經理也有他的優點，而且我自己也需要調整。之前我只想在yes、no之間趕快做選擇，這次的教練晤談提醒了我，不論我的資歷如何，既然我已經是他的主管，我就有責任讓他再次成功，而不是總是糾結在『我有沒有資格』或者『他會不會聽我的』這樣的矛盾裡。但我要怎麼做，才能既維持我的決策，又可以讓他變得更正向呢？」

我說：「就把你剛剛說的同情，調整為同理囉！」

同理心，是能進能出的能力

同理與同情有什麼不同呢？

「同理心」的英文是 empathy，有 empty（空）的意涵，代表在同理他人之前，我們必須先把自己掏空，鬆開自己的成見。同情心 sympathy 則有 symbol（象徵）的意涵，代表我們對此事件有自己的標籤。

例如，某人中了樂透，後來卻發現獎券不見了，於是他嚎啕大哭起來。如果這時你對他說：「哇，那真是好可惜啊，如果我是你，也會很難過。不過，金錢乃身外之物，你就看開點吧！」

這是同情的反應，為他人感到可惜之外，還加諸了個人的看法

「金錢乃身外之物」。但你不是他，而每一個人失去金錢的痛苦程度並不相同。

同理則是完全接納他人的情緒，嚎啕大哭的人一定有他的理由，我們能夠從他的視角、觀點，感同身受他的「痛」嗎？

這時你可能會懷疑，就一起「痛」嗎？然後呢？總不能跟著對方哭吧？

當然不是。

同理不是濫情，更不是與對方一起陷入情緒的深淵，而是：

進入對方的內心世界，感受他人的痛，並且透過行為與事件認知的連結，協助對方從中產生覺察、學習與成長。

同理心是五種能力的總和：

一、轉換為「對方視角」的一種能力。

二、不評論的能力，接受對方所說的是事實。

三、理解對方行為的能力。

四、解除他人痛苦的能力。

五、協助他人從經驗中得到學習成長的能力。

教練領導人要能夠驅動他人成長，首要條件就必須做到第一種能力，也就是進入對方的故事，感受他的喜怒哀樂、理解他的情緒，才能與他產生共感連結。這考驗著我們能不能把自己的既有觀點歸零。

慈悲同理的根源，愛

進入他人的故事，但不沉陷於故事的情緒裡。我們要記得同理最終的目的是要引導他人，將每一段痛苦經歷轉化為成長的養分。

一個月過後，當協理再度走進晤談室，我看到他腳步輕盈了不少，開口第一句話是：「教練，現在經理跟我是戰友了！」

至於人事案的處理，經理同意先暫緩布達晉升，在公司人資部門的協助下，針對該名同仁規劃六個月的培訓輔導期，並透過指派任務來觀察評估管理能力是否達到適任的標準。

這個決策皆大歡喜，包括那位晉升候選人，能獲得公司為他量身製作的培訓計畫，已讓他充分感受到主管對他的重視；同時，對於從未接觸過的管理職也不再令他那麼惶恐了。

我好奇，協理與經理的關係轉折點是什麼？

他說：「哈哈，就是一頓飯、一瓶酒啊！心放開了，無所不談，彼此瞭解之後就成了戰友了啊！」

當領導人開始慈悲同理，這個念頭一起，罣礙消除，如同在兩端搭起一座橋樑，開始連接彼此，形成合作模式。

慈悲同理的展現，源自於「愛」的能力。

案例中的協理之所以能夠展現慈悲與同理，就我的觀察是因為他具有「愛」的能力。也難怪在我第一次與總經理開會時，他不只一次提到，這位協理擁有科技業主管中少見的「軟技巧」。

在職場，愛的能力重要嗎？

最令主管感到頭痛的問題大概非「績效管理」莫屬。絕大多數主管想到績效目標、績效考核、績效輔導，隨之而來的情緒都是痛苦、無奈。這個問題從我擔任人資主管以來，始終都在找尋破解之道。

我發現，即使制度設計得再怎麼鉅細靡遺，績效管理都很難完美執行。我所謂的「完美」，指的是同仁和主管都能以正向的態度，看待績效管理的四個構面：

績效目標是為了激發潛力。

績效考核是為了認識自我。

績效輔導是為了去除阻礙。

績效發展是為了進化自我、遇見更好的那個我。

明明是個好制度，為什麼會變成痛苦的枷鎖呢？

從多年推展制度的經驗中，我發現答案是「職場缺乏愛」。領導者沒有以「愛」灌注，領導者自己對目標沒有愛、對執行目標的同仁沒有傳遞愛，同仁怎麼會愛上工作、愛上高目標呢？

彼此不「相愛」的團隊，無法成為具有長期競爭力的有機體！

「愛」會讓管理變得軟弱，是嗎？

有一回，我在政府機關上績效管理課程，我說：「績效管理是考驗主管『愛』的能力。」學員中有位某縣市的交通局長，對這樣的說法不以為然，當場舉手糾正我說：「老師，職場不是談『愛』的地方，因為我們有任務必須要達成。」

我好奇問他：「那什麼地方可以談『愛』呢？」

他想了想後說：「在家可以、在宗教界裡可以。」

我問他：「如果在職場上也有『愛』會怎樣？」

他回答：「主管會不敢作為、同仁會沒有紀律，最後目標會無法達成。」

這個回答很經典，我想也是大多數主管內心經常糾結的原因。

我很欣賞他勇於拋出不一樣的看法，經過他同意，我在課堂上以這個主題，把所有學員分成正、反兩方進行辯論。經過半小時非常熱烈（事實上是吵翻天）的激辯後，主管們說，不管哪一方獲勝，這個過程都很療癒，因為大家都說出了平常在故作堅強的外表下，不敢碰觸的那塊柔軟之地。

那位局長和所有學員一樣，非常享受辯論的過程，不過他還是堅持他的看法，他說：「老師，我們在課堂上可以用辯論的方式，我承認有一度真的接受了，但真實的職場世界裡，不行啦！」

我說：「我沒打算要說服你。我只是好奇地請問你，你當年為什麼決定投身公務機關？」

他說：「我沒騙你喔，我是真的一心想為民服務。」

我接著問：「現在還是如此嗎？初心沒變？」

他肯定的說：「沒變。但我發現現在有很多人報考公職，不是為了服務人民，而只是為了一份終身穩定的保障。」

我又問：「這兩者在平常執行公務時有什麼不一樣的行為？」

他說：「那差多了。舉例來說，在制定法令時，前者會站在人民的角度，再三思考這是便民、還是擾民？即使有時迫於現實的無奈，還是得在各方協調下妥協執行，但面對民眾，我們會思考怎麼宣導、說明才能幫助老百姓降低困擾，得到更多的利益。因為『公務人員如果不幫助老百姓，誰來為他們謀福利?!』但如果是後者，才不管那麼多，反正把長官交代的任務做完就算交差了事了。」

他說這番話的時候，臉部線條柔和了許多，有一股電影裡鐵漢柔情的那種味道。

我問其他學員，當這位主管說話時，他們在他身上感受到什麼？

學員們紛紛大聲說「有正義感」、「公務人員表率」……。

其中一位學員拿起麥克風說：「這位長官，你別裝了，你明明就很有愛。」

大家哄堂大笑，交通局長臉紅了。

這位鐵漢笑著說：「好吧，我承認我有愛。但管理同仁不一樣啊，還是要嚴格要求，總不能靠著跟同仁說『我愛你』就能夠達成績效吧？」

我問他：「當你遇到表現不佳的部屬，你會怎麼做？」

他說：「我最討厭這種不努力的部屬，我會先把他罵一頓，讓他心生警惕，然後直接要求他照我的想法做，但是……這招對有些人沒用啦，所以我常常生氣，哈哈。」

談到這裡，我請他回想上述的對話內容，思考自己面對人民與面對部屬的心態上有什麼不一樣？

要求可以嚴格，但手段要慈悲同理

在請交通局長回答之前，我先講了一個例子，某次教練晤談時，一位主管問我：「教練和主管的角色會不會有衝突？」

主管解釋說：「有些部屬真的很欠揍，觀念也不對，我難道不能一棒點醒他，為什麼還要循循善誘提問半天呢？還有，棒子打下去後，我還在情緒中，怎麼有辦法立刻就恢復冷靜，引導他思考呢？」

這個問題很好，也是我當年在學習教練時所經歷的困惑。

我是這樣回答他的：「你當然可以選擇一棒點醒他啊，但生氣只是手段，而非目的。」

當我們想對他人當頭棒喝時，那個棒子只是為了敲醒他的道具。領導人是經過評估，清楚知道並選擇了此時最有效的功能角色（主管的三種功能——管控者、老師、教練）；效果達到了，手中的棒子就可以放下了。心自在、無罣礙，主管在這三種功能中自然就能夠來去自如了，因為出發點是愛——因為愛部屬，所以願意彈性地運用方法幫助他領悟、成長。

但，如果我們只是為了發洩心中的情緒，那出發點是為了自利，這是一種自私的小我表現。當我們無法揚升自己，進入更高的領導層次時，自己終究會陷入牢籠裡，一次又一次被自我的情緒捆綁住，而部屬與我們的距離也就愈來愈遙遠。

當我說完這個例子時，交通局長突然舉手說：「老師，我知道了。過去我一直以為，愛會讓管理變得軟弱，今天我可以修正一下這個觀念。我想你的意思是，要我把當年報考公職的熱愛、服務人民的熱情，也運用在部屬身上，對吧？」

我說：「是的，把協助部屬成長的熱情，展現在三種不同的功能上，所謂的以身作則，其實就是我們希望部屬展現出什麼，領導者就必須先成為那個『什麼』；我們要部屬愛組織、愛人民，就要透過領導力傳遞愛，讓部屬先體會『被關愛的感覺』，自然在潛移默化中就能夠愛工作、愛百姓。」

關愛並非溺愛。我非常喜歡麥克拉奇（J.D. McClatchy）對於「愛」的解釋，他是一位詩人、作家，也是耶魯大學教授，他曾說：「**愛，是給予事物有品質的關注。**」這句話道破了現代職場的根本問題：迷失在「凡事都要快」的慣性模式裡，因為對於全貌不夠「有品質的關注」，讓我們只解決了表面問題，卻忘了在人性的層次上展現愛與嚴格的平衡。

在我的主管生涯中，我曾經開除過一位經理，原因是他向廠商收賄。在私下調查的過程中，我曾經拜訪他家，發現他是家中唯一的經濟支柱，上有老母、下有兒女，他的負擔不小。在太太的眼中，他是一位顧家、有責任感的好先生、好爸爸、好兒子。她告訴我，老公總是向她保證，他會努力讓家人過上好日子，成為兒子的榜樣。

我難以忘記，那天下午我從他家出來，心中百感交集。我該原諒他，還是該開除他？

我考慮了兩天，決定開除他。我向董事長完整報告我蒐集的所有資訊與決定，並請求董事長保留他的顏面，不發布開除令（因為經理的兒子與同事的小孩是同學）。但當我將所有證據攤在桌上，告知經理我的決定時，他反而惱羞成怒，揚言要對我不利。我看著他憤怒的眼睛，對他說：「我知道你的初衷是基於愛，你愛家人並沒有錯，我肯定你的初衷，但我懲罰的是你『以愛之名的不當行為』。我知道你一直想成為小孩的榜樣，但你想想看，如果小孩知道了，還會以你為榮嗎？你希望在小孩心目中，留下什麼樣的典範？」

小孩果然是他心中的軟肋，聽我這麼一說，眼淚奪眶而出，泣不成聲。一旁的我真的很難過，我知道如果他失去這份工作，家裡經濟可能更加困難，但為了他的長遠發展，我得讓他記住現在的痛。我拍拍他的肩膀，告訴他：「我知道你很辛苦，家裡有困難時，來找我，我一定會盡力幫你。」他默默點點頭，隔天，他以照顧母親為由申請離職了。

好幾年後，我從朋友口中得知，他已經成為一家上櫃公司的高階主管，公司對他的表現相當滿意。我相信，他是真的走上正途了。

領導者每天都會遇到困難與挑戰，我們可以堅守道德標準，以管理手段糾正、懲罰部屬的不當行為，**對部屬的要求可以很嚴格，但過程卻可以同理慈悲**。因為，在這世上，每位眾生都值得被愛！

慈悲同理與愛的自我檢查表

請回想最近一次處理部屬問題時，你是否出現以下行為。

	行為	勾選
慈是予樂	1. 給予對方快樂、與他同喜	
悲是拔苦	2. 引導對方看見苦的根源	
	3. 引導對方拔除痛苦	
同理	4. 以對方視角進入，接納對方的感受	
	5. 不以自己的價值觀點進行評論	
	6. 理解對方行為的原因	
	7. 做出解除對方痛苦的行動	
	8. 協助對方從經驗中得到學習成長	
愛	9. 給予對方有品質的關注	

依般若波羅蜜多故，心無罣礙，
無罣礙故，無有恐怖，
遠離顛倒夢想，究竟涅槃。

——心經

菩薩依究竟圓滿的智慧，看清所有人、事、物皆源自因緣。當內心不被顛倒的假象所迷惑、束縛時，自然就無所罣礙、無所恐懼。

1. 去除罣礙的方法：「利他」與「學習佛陀智慧」。
2. 慈是予樂，悲是拔苦。
3. 同理心是從他人的視角理解他人的行為，協助他人解除痛苦，並從中成長。
4. 愛，是給予對方有品質的關注。
5. 領導的決策是在人性的層次上平衡愛與嚴格。

觀自在菩薩，行深般若波羅蜜多時，
照見五蘊皆空，度一切苦厄。

——心經

第6課

如何穿透表象，找出問題根源？

生命中重複發生的問題，想告訴你什麼？

這幾年，B君跟直屬老闆溝通一直有困難，老闆不僅要求高績效、也要求用最少的人力、資源完成工作。最近老闆因為一件客訴案件，幾度數落了B君跟他的團隊，但B君認為錯不在同仁。多年來，這家企業客戶總是提出一些極不合理的要求，態度又傲慢，許多同仁因而離職。但B君向老闆反應時，老闆總說這是大客戶，不能得罪，反而要他加強同仁的客戶服務意識與情緒管理。由於B君和老闆的見解不同，讓他這幾年一直很不快樂。

請問如果你是B君，你會如何面對這樣的情況？

1.道不同不相為謀，立刻打包走人。
2.向更高階層的主管報告，尋求協助。
3.老闆是不會改變的，勸同仁跟你一樣繼續忍耐。
4.其他。

「關係」的問題一直是職場痛苦的來源之一，但因為它不是像品質、訂單、流程等「看起來」與營收高度相關，因此從不會被認真看待、討論以及解決，直到有一天，負面情緒再也壓抑不了，人走了，問題才被凸顯出來。但非常快地，這類問題又會被品質、訂單、流程等議題淹沒而變得無影無蹤。

有的時候，我們會誤以為問題是各自獨立的，人走了，問題會跟著消失。你以為不會再遇到比現在更糟的老闆、更難搞的客戶、更天兵的部屬，但很遺憾地，你會發現就是一直碰到同樣的問題。

為什麼呢？因為你特別倒霉嗎？還是，這是老天想要送給你的特別禮物？

教練晤談時，某主管跟我說了上述困擾。他告訴我，最近萌生離職的念頭，並且已經去好幾家企業面試過了。

我問他：「有理想的工作機會了嗎？」

他說：「還沒有，這次我很謹慎，職位和薪水不是我最主要的考量，未來的老闆一定要跟我有共同的理念，我不想再重蹈覆轍，因為實在太痛苦了。」

我請他說明一下，他認為的「共同理念」指的是什麼。

他想了想說：「客戶固然重要，但同仁的感受應該更受到重視才對呀。」

他接著又說：「我老闆只在乎KPI，總是要求我們滿足客戶所有不合理的要求，這和我的理念不同。我認為即使面對客戶，我們也要在對的事情上據理力爭。總之，我認為我們是不同世界的人，再多的溝通也沒有用。」

我好奇，他的「據理力爭」理念也曾用在與老闆的溝通上嗎？

主管說：「我知道我不可能說服他，所以每次跟他碰面，就是把該報告的數據、結果講完，基本上沒什麼交集，結束時也覺得很浪費時間，難免有一種沮喪的感覺。但這麼多年下來，我很慶幸，我沒有被他同化。」

「那是什麼原因讓你這麼多年下來，一直忍耐著沒有跟老闆據理力爭，也沒有離職？」我問了這個問題。

他笑了笑說：「因為公司品牌、薪水都還算不錯。人嘛，有時總得為五斗米折腰啊！」

我又問：「你覺得老闆為什麼那麼在乎客戶？」

他不假思索地回答道：「因為客戶會影響到他的考績、獎金和升遷啊！」

談到這裡，我故意看著他的眼睛，慢慢地說：「你確定你和老闆真的不是同一個世界的人嗎？」

他看著我，幾秒鐘後說：「好吧，我承認我們都為五斗米折腰，可是，他真的很難溝通……。」

超越現象，覺察因果

從教練的經驗中，我每每發現，我們眼中一直在意的他人缺點，經過仔細探究之後，往往會發現在自己身上也存在著同樣的問題。也許這正是老天的旨意，藉由他人的「缺點」反映出我們的真實樣貌，好讓我們發現，其實我們與他人皆為一體，而所謂的「問題」，其存在的意義只是為了讓彼此有機會成為更好的自己。

回到前面的案例，為了引導那位主管有更深的覺察，我在紙上畫了以下的現狀圖：

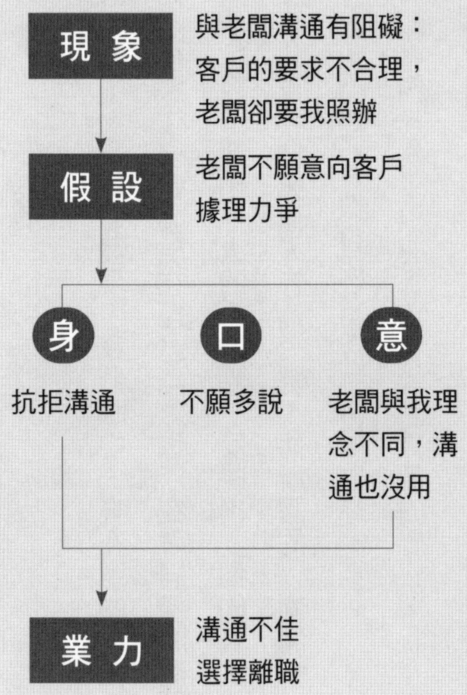
現狀
執著於現象，讓我們在幻象中不斷輪迴
現象
與老闆溝通有阻礙：
客戶的要求不合理，
老闆卻要我照辦
假設
老闆不願意向客戶
據理力爭
身
口
意
抗拒溝通
不願多說
老闆與我理
念不同，溝
通也沒用
業力
溝通不佳
選擇離職

職場中，我們很容易把「現象」當成「問題」，當我們的心執著於「外境」時（例如「我與老闆溝通有阻礙」、「老闆總是做不合理的要求」），往往已在心裡形成對於現象的「假設」，也就是「老闆不願據理力爭、總是讓客戶予取予求……」。「假設」是我們身體、意念、口語的指揮中心；當事人的「假設」創造了消極的意念，引起身體對溝通的抗拒，同時也關閉了語言交流。

身、口、意作用之下創造出的結果就是「業力」。好的行為會產生好的業力，而不恰當的行為則產生不好的業力。所以，當我們想要改變結果，可以運用右頁現狀圖的迴圈來檢視自己的假設、行為與結果（業力）的關聯性。

佛陀窮畢生之力，想幫助人們找到「離苦得樂」的解方。他說「顛倒夢想，究竟涅槃」，目的在於提醒我們，不要活在視苦為樂、視樂為苦的顛倒幻想裡。例如，明知道大吃大喝、過重的口味對身體不好，但人們卻因無法抵擋口腹之慾，而將食用清淡簡單的食物視為苦行；又例如，我們窮一生之力追求名與利帶來的短暫快樂，卻將能讓性靈得到恆久幸福的心性修練，列於人生清單中的最末位。

佛陀認為，只要人們能覺察到，原來我們竟是活在如此顛倒的假設世界裡，那麼我們就有機會得到圓滿的大智慧。

教練引導的首要目的，在於喚醒內在的覺察。我藉著現狀圖引導這位主管發現——所有的現象都源自於自身對於現象的假設，想要解除現象，就要找出真正的「問題」。

與老闆難以溝通，是現象，而非問題。因為真正的問題往往非肉眼所能見，我們只有透過「覺察因果」，才能帶領我們超越表象；唯有洞悉目前的「果」來自於什麼「因」，我們才能看見真正的問題所在。

要怎麼做，才能覺察因果呢？這位主管問我。

我請他先把「老闆難溝通」的想法放在一邊，誠實地深入內心自問：「面對老闆時，我真正的恐懼是什麼？」

晤談室裡寂靜了幾分鐘之後，他抬起頭看著我說：「教練，我想，最深的擔心應該是源自於老闆對我有考核權，內心深處可能害怕，萬一我赤裸裸地把同仁和我的心聲講出來，老闆會生氣，影響我的考績。我畢竟是他的屬下……，不過，這也是讓我能留到現在的原因啊！」

我說：「是的，但我想知道，這樣的你，快樂嗎？」

他說：「就是不快樂啊，但能怎麼辦呢？」

我說：「覺察，就知道該怎麼辦啦。」

覺察的三個層次

我在原來的現狀圖上畫了幾條線，寫下「因、果、覺察」四個字。要能覺察因果，我們必須以第三者的視角來俯瞰「全局」。

我給他一項功課：**對於恐懼的覺察，方法是「寫日記」**。

一個月後，我們又再度碰面，他告訴我，寫日記進行到第三週時，他覺察到內心對「影響考績的恐懼」其實已遠大於「對不合理的事情據理力爭」的核心價值觀。

我接著問他：「你認為這兩件事情是對立的嗎？有沒有可能它們並不衝突？」

因果覺察

結果的改變，來自於對「因」、「果」的覺察

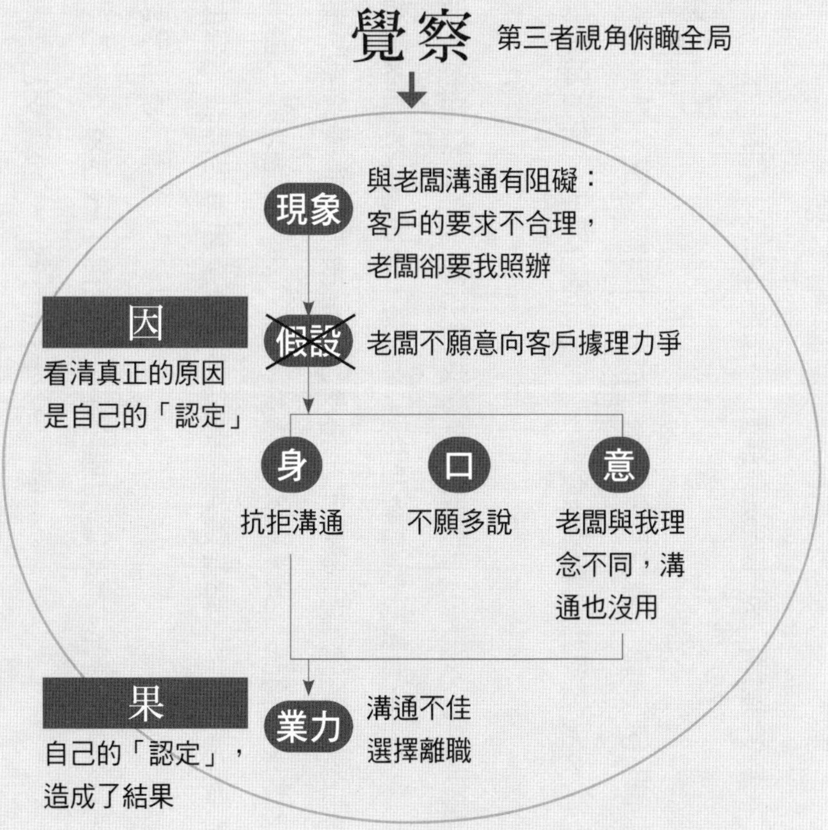

覺察 第三者視角俯瞰全局

現象 與老闆溝通有阻礙：客戶的要求不合理，老闆卻要我照辦

因
看清真正的原因是自己的「認定」

~~假設~~ 老闆不願意向客戶據理力爭

身 抗拒溝通

口 不願多說

意 老闆與我理念不同，溝通也沒用

果
自己的「認定」，造成了結果

業力 溝通不佳 選擇離職

我看見他的眼睛亮了，但旋即陷入沉思……。

我出於好奇，又問了一個問題：「你還記得當初老闆晉升你上來時，對你說的話嗎？」

他抬起頭，思緒似乎飄向當年的情景，緩緩地說：「哇，那真是好幾年前的事，讓我想想……。啊，我想起來了。當年老闆拍著我的肩膀說，雖然你常常當面拒絕客戶的要求，但事後你總是能夠拿出專業的數據建議客戶更好的方案，這點常讓我和客戶都很佩服……。」

這時他嘆了口氣說：「當年的我真是勇敢啊……。唉，好想做回以前的我啊。」

「那麼當時的你，出於什麼原因，不擔心考績會受到影響呢？」

他說：「哈哈，因為當時我就是一名小小的研發主管，反正也沒什麼好損失的！」

「所以，現在職位、薪水都高了，開始捨不得了？」我調侃他。

談話至此，我知道，他該進入第三個覺察層次了。
覺察有三個層次：

層次一：明瞭現在在做什麼

你可能會疑惑，怎麼有人會不知道自己在做什麼呢？但請細想：

是不是有過好幾次，開車開著開著不知不覺就開回家了？
聽課的時候不知不覺就恍神了？
吃飯時不知道自己吃了什麼？
本來想激勵部屬，自己也搞不清楚怎麼就激怒對方了？

當我們來到第一個層次時，我們會進入有意識的狀態，也就是隨時會以第三者的眼睛看這個人（我）在做什麼，隨時提醒這個人（我）拉回此時、此刻（here and now），專注地開車、上課、吃飯、激勵部屬。

當這位主管進入第一層次時，他會清楚意識到自己正處於不斷輪迴的狀態，他得跳脫現況俯瞰全局，接著就會進入下一個層次。

層次二：覺知當下的一切，自知被什麼影響

這時的狀態，就像是第三者，拿著攝影機拍下自己一路走來的情緒、想法、作為、結果，並且透過影像重播，讓我們清楚看見最後的「果」是來自於什麼真正的「因」？

無法與老闆好好溝通的真「因」便在於，**當我們擁有更多時，反而失去了當時一無所有的勇氣。**

層次三：覺知自己是主宰者，正確回應

進入這個層次，就是內在力量的提升期，當我們明白自己是創造現象的根源時，我們就能把焦點從對於外境的無力感，轉回內在自我的重新設定。當我們領悟到我們是主宰者時，我們才會成為無所畏懼、心靈自由的勇者。

因此，以一句話來說明覺察力，就是「從知道、體驗，到專注每一個發生，並且正確回應的能力」。

放下執念，心澄則靈

在引導當事者如何正確回應時，我常運用莊子說過的四個字「用心若鏡」。他的意思是，當我們心若明鏡時，我們就能明白，原先被我們視為問題禍首的對方，其實正是老天送給自己的一面鏡子，而鏡子只是發揮它反映真實面貌的功能。當我們理解這一點時，原先的對立就能化為彼此靈性成長的養分。

莊子也說「彼是莫得其偶，謂之道樞。樞始得其環中，以應無窮」。這是提醒世人，要消弭彼此的對立，並不是藉由強制、暴力或一味委屈容忍，而是把自己從對立的那一點挪到中心。圓的中心點就是道的樞紐，以平等的心、不偏不倚地看待各方觀點，我們就能夠掌握因應無窮變化的智慧了。

左方三個圖說明在一個系統當中，只要有一個點移動，對立的張力就被削弱一些。如果企業組織具有「得其環中」的文化，每一個人能夠透過覺察、覺知，產生行為的修正（覺行），那麼組織將擁有更強大的合作力量。

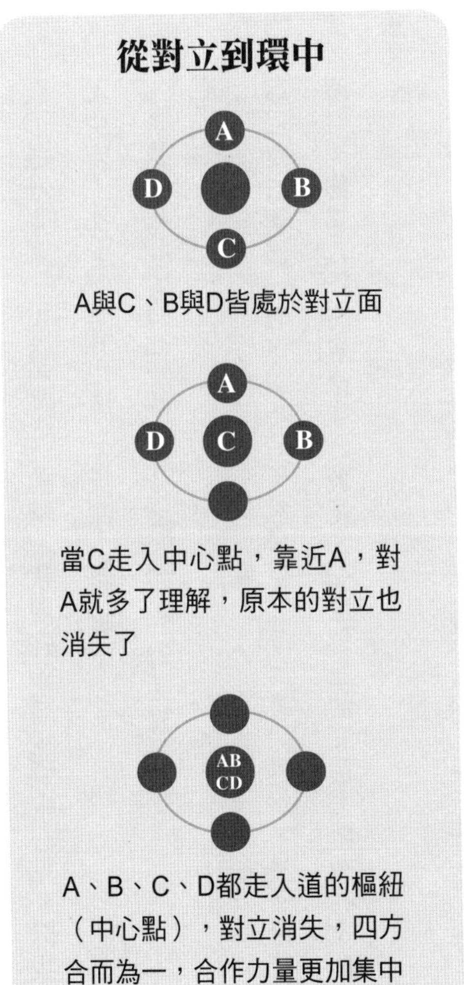

看了這三張圖，主管說：「教練，我現在願意走到中心點。但我又該怎麼做，才能讓老闆也願意走向中心點呢？」

這讓我想起莊子講過一個「孔子與顏回的對話故事」。

顏回想去衛國，教導當時的暴君學習孔子仁義的思想，顏回希望這位國君能夠讓人民安居樂業，於是，一腔熱血的顏回去請教孔子的意見。

孔子說：「哎呀，你簡直是找死。你的救世情懷會害了你的。」

顏回問：「如果我是以忠臣的身分去諫言呢？」

孔子說：「衛國國君個性暴烈，他會固守己見。你這樣做是行不通的。」

顏回又問：「那麼我就秉持著誠意，表達我的想法，這樣可以嗎？」

孔子說：「雖然這想法可能不會危及你的生命，但終究還是不會得到衛君的改變。」

顏回一看，自己的想法似乎都不可行，就問孔子：「那我該怎麼做呢？」

孔子對他說：「你先回去齋戒一陣子，這不只是吃齋，還包括『心齋』。」

心齋？孔子不僅要顏回吃素，心裡還要齋戒，這是什麼意思呢？我想，莊子是要藉此故事提醒世人，放下「為目的而有所為」的執念，而以心淨虛空的狀態為之。顏回一心想要改變衛王，雖然是出於為人民謀福利的善意，但當「改變對方」的目的性太強時，卻容易產生「強迫」對方遵從的執念，使得對方心生抗拒，在教練的過程中亦是如此。例如，部屬因為猶豫是否接受新職務，前來請求主管進行教練晤談。如果主管心中已有特定答案，認為以長遠的職涯發展來看，新職務對當事人會有很大的助益，那麼當主管抱著「這一次晤談的目的，就是說服你接受新職務」這樣的想法，就容易產生「說服」的企圖，即使運用「提問」，也不過是做為引導對方走入你所設定的答案的技巧罷了。

當主管開始有「強制」、「說服」的行為時，很容易引發當事人的「防衛」。當事人會開始述說接受新職務的種種風險，會以很多的理由來證明自己並不適合新職務。因為主管總是執著於「說服對方接受新職務的目的」，無法心淨虛空地聽出當事者擔心的狀態，使得整個晤談的對話形成彼此的攻防戰了。

當然，主管所採取的行為，取決於此時想要發揮的「功能」。如果主管認為情勢緊急，組織迫切需要當事人就任，主管可以用「管控者」的方式直接下達職務異動命令，事後再慢慢進行疏通輔導。最容易引起部屬築起心牆的，其實是主管以教練之名，行管控者之實。

我們該如何鍛鍊心齋呢？

《心經》中的這段經文可以做為心齋的鍛鍊：

觀自在菩薩，行深般若波羅蜜多時，照見五蘊皆空，度一切苦厄。

經文中的「五蘊」指的是色（外在一切有形物質）、受（感受、感覺）、想（思想、印象）、行（行為）、識（內心的知覺、分別、辨別），我們一切的行為往往受到五蘊作用的影響，以本文案例中的主管為例，當他聽到老闆又在講客戶的重要性時，當下就會聯想到過往老闆與他意見不同時的場景，心裡便會升起不愉快的感受，於是更斷定老闆跟他不是同路人。

佛陀要我們看清，人們痛苦的根源在於過度沉溺於「五蘊」。這段經文說的是，觀世音菩薩在修行圓滿無上的智慧時，領悟到人們要度過一切人世間的苦痛，唯有從「受五蘊所控」走向「超脫五蘊」。當五蘊皆空時，我們才能清楚地覺察、觀照，並精進我們的行為。

「超脫五蘊」也就是當五蘊作用時，透過覺察與自己對話，問自己「如果我不這樣想，會如何呢」、「如果我不依照假設反應，會如何呢」。以個案中的當事人為例，當他不受「老闆可能不會改變，那我這樣做有用嗎」的想法影響，而專注於自己的行為改變時，那就是達到超脫五蘊的狀況了。

經過幾次教練晤談後，這位主管告訴我，他已經放棄了離職的念頭，雖然與老闆還沒到達「相處愉快」的境界，但現在的他可以感受到內在更有力量，也更好奇自己透過不斷覺察鍛鍊，未來的他可以呈現出什麼不一樣的樣貌。

如何鍛鍊覺察力？

領導者如何鍛鍊覺察？有四種方式可以鍛鍊覺察：

練習一：寫日記

拿一本筆記本，鉅細靡遺、不經過頭腦篩選、不必在意詞藻的修飾，就用跟自己對話的方式寫下來，你也可以用錄音進行記錄，內容要包括：

- 今天所經歷的事件。
- 你怎麼解讀這個事件？（你的假設）
- 事件中，身體有什麼反應、情緒、感受？
- 你受到情緒、感受、假設的影響後，產生什麼行為？
- 寫完以上內容之後，再以另一種顏色的筆（代表第三者的眼睛）寫下你綜觀全局後的覺察。

練習二：到大自然裡散步、爬山

大自然是最療癒身心靈的場域，盡可能走進樹林、花草、蟲鳴鳥叫的世界裡。請記得，進入大自然是為了找回我們與宇宙土地的連結，而不是在計步器裡的累計步數贏過你的朋友們。不要用達成KPI的方式把走到目的地視為目標，請讓自己放鬆，在行走的過程中：

- 收起手機、關掉音樂，把注意力全然投入你的腳邊、途中的風景、大自然聲音（風聲、雨聲，以及溪水、動物的聲音等）。
- 觀察你從未留意過的動物，例如，正在結網的蜘蛛、爬行中的毛毛蟲、穿梭於花叢的蝴蝶等等。
- 感受自己身體、呼吸的變化。
- 脫下鞋襪，讓雙腳踩在土地上，感受觸地的感覺。

對我來說，大自然不僅是最棒的療癒場，更是最好的教室，如果能全然投入其中，一定會發現大自然正以它的獨特方式教導著我們。例如，有一回我帶著一群食品業的高階主管進行兩天一夜「企業競爭幸福力」工作坊，第二天早晨進行禪走活動時，禪走教練特別請大家脫下鞋襪，赤腳走在山裡。禪走結束後，有位主管和大家分享：「好久沒有腳踏土地了，沿路我突然想起，我們的工作是對大地負有使命的，我們要時時刻刻警惕自己，在食品生產的過程中要堅定地永續保護地球」。

練習三：靜坐冥想練習

每天給自己半小時的獨處時間，或是利用午休時坐在位子上，練習以下步驟：

一、採取放鬆舒服的姿勢，練習深呼吸。

二、在一進一吐呼吸之間，專注於從頭部開始放鬆，你可以在心裡默念：頭皮放鬆、眼睛放鬆、臉部放鬆、肩膀放鬆、背部放鬆、腸胃放鬆……，同時觀想一個個身體的部位、器官逐步放鬆。

三、感受身體的哪些部位不舒服或緊繃。

四、脫掉鞋子，感受雙腳踏在地上的感覺，想像你正透過腳板與大地連結。

五、當腦中出現雜念，不要急著驅趕它，也不必對不專注感到愧疚，允許雜念像風一樣來來去去，看著它來、看著它走，接納此時此刻自己的狀態。

六、當你結束冥想，再度睜開眼睛時，覺察一下，你眼中的世界有沒有不一樣？

靜坐冥想已成為我多年來的生活習慣，無論飛到哪一個城市出差，永遠不變的「行程」就是保留一段獨處的靜坐時光。至於靜坐能帶來什麼好處？

《哈佛商業評論》其中一篇名為〈疫情當頭，領導人更需要……靜坐！〉（Why Leaders Need Meditation Now More Than Ever）文章中，引述賈伯斯靜坐的體驗：「你的視野開始更清晰，也變得更活在當下。你的思緒就這樣慢下來，此刻豁然開朗。你現在能看到的事物，遠比以前還多。」賈伯斯的體驗我非常認同，除此之外，靜坐還能幫助我們提高對事物的洞察與直覺力。每當遇到難解的問題時，我會開始靜坐冥想，往往在幾分鐘的靜坐之後，好答案就會自然浮現。

練習四：保持正念練習

將正念引入西方社會的開創者是麻薩諸塞大學醫學院的卡巴金（Jon Kabat-Zinn）教授，他對正念的定義是「不加評判地對當下的關注」。

不加評判，是練習心的澄淨。某一年，我參加法鼓山四天三夜的「自我超越禪修營」，這個活動是專門為企業領導者、學校教授、政府官員所設計的禪修活動。直到報到當天，我才發現活動全程規定「禁語禁物」（不能說話、不能使用手機和電腦、不能看書）。當天早上，大家排隊簽到時，所有人只能乖乖地看著師姐義工們把自己的手機放入事先已備好的藏青色袋子裡，排在我前面的一位學員跟師父說：「師父啊，今天美股大跌，我是公司老闆，有很多事要處理，能不能通融手機……。」師父只是笑著對他說：「你就把一切都留在山下吧！」說罷，還是接過手機放入袋中。

第一天中午到了休息時間，師父說：「你們可以自由活動（所謂的自由活動，也是禁語禁物、禁止與他人交談的『一個人的時光』），下午上課前十分鐘會打板，聽到打板聲再緩緩朝禪房移動就可以了。」

師父說得輕鬆，我卻很緊張。在莊嚴的迴廊裡獨坐時，我既想回寮房（寢室）午睡，又卻擔心睡過頭；既想喝杯咖啡，又擔心來不及喝完就要集合上課。當下的我，就像外頭滴滴答答的雨聲，心情七上八下，不知該做什麼才好……。

當時，我看到有人在迴廊裡練習「經行」（一種以步行的方式修行止觀的方法，可以提振精神、幫助消化，也能靜心）。我索性跟著緩步行走起來，慢慢地，我不安的思緒就在一呼一吸之間，隨著踏地的腳尖、腳掌、腳跟規律地放下，注意力也從紛亂中拉回身體之內。這時，呼吸慢了、心靜了，我清楚知道讓我心亂不安的，不是因為整個法鼓山裡看不到任何一個時鐘，而是過去讓手機、時鐘掌控一舉一動的習氣成為我此刻的干擾。

我問自己：「來法鼓山是為了什麼？此時此刻的我，又該做什麼？」心裡的聲音告訴我，不就是來練習專注當下、學習禪定的嗎？

結束幾圈的經行之後，我決定好好喝杯咖啡，享受迴廊的寂靜，與珍珠般落下的雨聲同在。

說也奇妙，人放鬆了，整個人似乎更深刻地活在那時那刻的當下。我發現，融入當下、身體之內，似乎就能與宇宙時空的運作合而為一。之後幾天午休，我總能隨心所欲地想睡就睡、想喝咖啡就喝咖啡。每當我內心的時間感告訴我該起身往禪房行走時，往往打板聲就剛剛好出現。

這個經驗告訴我，提高覺知的先決條件是「放鬆」——放鬆身體、放鬆情緒。當整個人的狀態進入放鬆時，對現象的執念會因此鬆開，清明的智慧將自然升起。

正念的練習

練習正念，可以從日常生活做起。

・**吃飯的時候，好好吃飯**

就是單純地吃飯。請你細細咀嚼，看看能不能感受到每份菜餚的獨特滋味，甚至於大自然的氣息。

・**洗澡的時候，好好洗澡**

就是單純地洗澡。請你細細感受，看看能不能感受到每顆水滴與皮膚接觸的感覺，同時聆聽水流下來的不同聲音。

・刷牙的時候，好好刷牙

就是單純地刷牙。請你細細體會，看看能不能感受到牙刷觸碰每顆牙齒的感覺，或是聞到牙膏停留在口腔的味道。

・聽對方說話的時候，好好聽對方

就是單純地傾聽。請你細細觀察，看看能不能進入這個人的情緒，與他同喜同悲。

・看花的時候，好好看花

就是單純地看花。請你細細品味，看看能不能發現它獨一無二的美，並讚嘆造物者的智慧。

請你開始這四項練習。相信你會發現更多新鮮的事物，會認識更多的你，而你的每一個覺察、正念都能為你帶來活得更好的機會。

課後鍛鍊 —7— 覺察力的練習

請挑選一項覺察練習，專注投入其中，並寫下你練習後的發現。

☐寫日記
☐到大自然裡散步、爬山
☐靜坐冥想
☐保持正念

例如：我試著寫日記，過程中有些事情、心境的細節一一冒出來，想法愈來愈多，相對地，心情卻愈來愈平靜，身體也跟著放鬆了。而且有些原本看似不知道該怎麼辦的煩惱，竟然突然變得有答案了。

觀自在菩薩，行深般若波羅蜜多時，
照見五蘊皆空，度一切苦厄。

——心經

菩薩在修行圓滿無上的智慧時，領悟唯有超脫色、受、想、行、識這五蘊的迷惑，才能度過一切苦厄。

1. 所有現象都源於自身對於現象的假設，想要解除現象，就要透過覺察因果。
2. 覺察是從知道、體驗，到專注每一個發生，並且正確回應的能力。
3. 要消弭對立，需要把自己從對立的那一點挪到中心，圓的中心點就是道（智慧）的樞紐。
4. 鍛鍊覺察的四種練習：①寫日記；②投入大自然；③靜坐冥想；④保持正念。

若一志，無聽之以耳而聽之以心，
無聽之以心而聽之以氣，
聽止於耳，心止於符。

——莊子．人間世

第7課

部屬不需要說服，深層傾聽就好？

你聽到的是對方的話語，還是內心的需求？

新進工程師到職半年，工作表現頗佳，主管面談時，除了告訴他需要加強的方向外，也鼓勵他好好學習，未來前途指日可待。沒想到，這時工程師拿出一張圖說：「謝謝主管，但我現在最想做的是離職，去荒島找自由！」

請問如果你是主管，你會如何回應？

1. 告訴他，應該趁年輕打好實力基礎。
2. 不肯腳踏實地的人不適合公司，讓他離職。

3.告訴他，自己也曾想這麼做，與他交流職場心情。

4.應該是一時不適應，讓他休假三天。

5.其他。

有一次，我應邀到一家企業講課，課後有位年輕學員來找我，他說自己進公司半年，畫了張圖代表他的心聲：「想去荒島找自由！」

我問他：「這張圖主管看過嗎？」

他說：「有的。上週面談時，主管跟我說『你表現不錯，好好幹，以後一定會有前途的』，不知道為什麼，我聽到『以後』這兩個字很不以為然，於是我拿出這張圖給主管看，沒想到他說『你是怎樣，想離職嗎？年輕人就是這樣，一天到晚總是有很多逃避現實的幻想』。」

他說：「我真的很氣，難道想去荒島就是逃避嗎？所以就提了離職，主管竟然還接著跟我說『你這麼衝動，以後有苦頭吃了』。我回他『不用等以後，現在在這裡工作就很苦了』！」

他說，事後其實有些後悔，覺得就算想離職，也不該用這種態度對主管說話。隔天他收到主管發來的郵件，信中苦口婆心勸他不要因為一時衝動就喊著要離職，並告訴他工作不好找，要他珍惜現在的工作機會。另外，主管還分享了自己剛入社會時如何調適的經驗，信末准他休三天假，要他好好放鬆。

他告訴我：「收到信的當下，我其實很感謝主管，我知道他是出於好意，但是，我是真的不想再待下去了。」

我可以感受到，這位主管應該是位惜才的主管，雖然部屬當面態度不佳，隔天還能耐住性子分享自己的經驗，這樣的主管其實也已經很難得了。

只是，我們能確定這位工程師真的只是適應不良的問題嗎？放了三天假回來，離職的念頭就真的能夠就此打消了嗎？

在職場裡，這樣的例子屢見不鮮，主管認為自己該做的都做了，同仁也認為自己該說的都說了。最後，同仁選擇離職，主管只好一直辛苦地培養新人。

多問少說，深層傾聽

在這個案例中，主管只要做到兩個小改變，結果就會有所不同：

一、多問少說，把重心移到事件主角身上。

二、不只聽，還要深層傾聽。

在教練領導學工作坊中，我常發現主管們最難改變的行為，就是「多問少說」。也許是因為長期以來，主管習慣扮演「解決問題」的角色，所以當事件一發生，主管的反應模式便是下指令、講經驗。主管們認為這是最有效率的方式，但有的時候，這樣的模式往往讓主管錯失了許多瞭解真相的契機。

教練領導者會聚焦於「事件的主角」，畢竟在釐清問題的根源上，「主角怎麼想」要遠比「主管怎麼想」來得重要許多；在晤談時間的分配上，「主角的感受、情緒、需要」與「影響感受的關鍵事件」也遠比「主管的經驗分享」要占更大的比重。

因此，當主管「衝動地」要說出自己的想法時，請提醒自己停下兩秒鐘，展開兩個步驟：

第一步：請保持覺察，問自己：「誰才是事件的主角？」

第二步：發揮教練領導者的特質「好奇」，放下自己的推測，以提問的方式引導同仁說出他的觀點、情緒、事件。

只要這兩個步驟，就能把對話焦點從「主管想說」轉移到「主管想聽」的狀態。

那要怎麼聽才能聽出真正的心聲呢？

我們可以將「聽」這個字進行拆解，其實，古人在造字時就已經埋下這個字的內涵真義。

「聽」的右邊，包含了十個目、一個心，左邊則是一個耳、一個王，我將它解讀為「一心專注、眼觀十方、耳聽王者說話」。也就是說「真正的聽」，要在態度上給予對方絕對的尊重，除了心無旁騖仔細聆聽他的話語，還要觀察對方的聲調、表情、動作、情緒、信念等，那些言語中沒有說出的訊息。

《莊子．人間世》有段文字：「若一志，無聽之以耳而聽之以心，無聽之以心而聽之以氣，聽止於耳，心止於符。」意思是聽他人說話時，要專心一志，不要只用耳朵去聽，要用心去聽；更進一步，不要只用心去聽，還要用氣去聽。因為耳朵只能聽見聲音，而心只能與外在事物連結。

「氣」這個字的意思是什麼呢？我的解讀是，「氣」是一種虛空的狀態，我想莊子提醒我們的是溝通時要能夠氣定神凝，「聽」出對方沒有說出來的話語、沒有展現出來的情緒。要能進入這種狀態，就要「一志」，**聽者要能夠放空自己，放掉刻板印象、放掉自我經驗、放掉急於評斷與說服的雜念，專心一意進入對方的狀態，才能在虛實之間完整看出事物的全貌。**

自我消融，達到無我

參加法鼓山禪修營的時候，觀看許多聖嚴法師的影片，他總提到，領導者要從「自我成長」鍛鍊到「自我消融」的境界，也就是要做到「有了成就，而不執著於成就」的無我。也許有人說，明明就有「我」啊，怎麼可能做到「無我」呢？無我是放掉以自我為中心的思維模式，當我們時時刻刻想到的都是「我」，我要、我想、我覺得……，就容易落入貪、瞋、痴的陷阱。時時提醒自己「消融」過去的我，消融自己因成就帶來的傲慢心，消融自己沉溺於成功的自滿心，消融對經驗方法的執著，不斷消融「我」，最終就會成就利他無我的大智慧。

自我消融困難嗎？如果我們把《莊子．秋水》裡的這句話放在心上，我們就會明白，執著於自我的成就是多麼的無知：

吾在於天地之間，猶小石小木之在大山也。方存乎見少，又奚以自多。

莊子說：「『我』存在於天地之間，就好像是大山裡的小石頭、小樹木一樣，是如此渺小，那麼『我』，還有什麼好自以為了不起的呢？」

當主管自我消融，放掉自己的觀點而聚焦於部屬時，會對部屬尚未說出的部分感到好奇，例如：

什麼原因，部屬想在荒島找自由？

什麼原因，部屬覺得現在沒有自由？

什麼原因，部屬覺得現在就很苦？

什麼原因，部屬對於主管說「以後」感到不舒服？

這位年輕人帶著圖站在我面前，我好奇，他希望得到什麼協助？

他說：「老師，我覺得人真的好難溝通，但我又覺得在職場，似乎這個能力很重要。你可以告訴我，該怎麼說才能讓主管瞭解我嗎？」

他的回答讓我明白，其實他根本不想離職，他真正要的是「理解」。

我希望教會這位同仁與主管溝通的能力，但首先，我得先讓他親身體會被深層傾聽的感受。

H.E.A.R. 深層傾聽法

前面所提到的專注、無我、聽之以氣，是聽者的自我修練，這些修練將有助於養成「深層傾聽」的能力的。深層傾聽是一種讓人打開心扉的技術，展現在四項行為上：

一、尊重、開放、專注的態度。

二、仔細聆聽對方的語言內容。

三、進入對方的世界，感受並理解對方的情緒、需求、價值觀。

四、傳遞你的同理，引導對方敞開心胸表達。

與他的對話，我採取H.E.A.R.四步驟，試圖走進他的世界。

步驟一：此時此刻（Here & now）

調整自己的狀態，全身心投入此時此刻。

步驟二：保持愉悅（Enjoy）

抱持愉悅、開放、接納包容的心態，融入溝通對話的過程，這個步驟有兩個關鍵：

一、喚醒我們的「覺知模式」來取代以往「自動導航」的慣性模式，也就是提醒自己對方才是主角。這個階段的重點是聆聽對方。

二、保持好奇與開放的態度，放下說服對方的執念。如果腦中想的都是「要達成的特定目標」，我們就會急於說教，產生想控制對方按照指示去做的企圖，那麼雙方在對話過程中便會充滿壓力，甚至出現對立、防衛。

三、做好自我準備之後，就可以進入對話的狀態。

我仔細看著這張圖，讓我想起多年前，湯姆．漢克主演的電影《浩劫重生》（*Cast Away*），片頭的標語是「At the edge of the world, his journey begins（在世界的盡頭，開始了他的旅程）」。

我好奇，他是在什麼樣的心境下畫出這幅圖？圖中的那顆皮球對他具有什麼意義？

他告訴我，進入職場半年，心裡一直懷疑工作的意義。

他說：「老師，職場都是這樣的嗎？好像每個人一輩子只是為了往上爬，所以為了晉升，大家都得應付上位者的指示、達成他的需求，但我不想要這樣的人生。與其如此，我寧可漂流到荒島，過一個只有一顆皮球為伴、卻跟所有人活得不一樣的旅程。」

步驟三：提問核對（Ask）

當對方開始述說時，聽者必然會啟動「解讀」的功能，但為了避免誤判，這時候可以向對方提問，以確認自己是否真正理解了對方的想法。

我問他：「在公司裡，你覺得有一種不被理解的孤單嗎？」

他回答：「我倒不要求所有人都能理解我，畢竟都進公司了，我覺得能貢獻自己的心力才是最重要的。半年前收到錄取通知時我真的很高興，我以為可以一展長才，滿心期待公司會因為我的存在而愈來愈好，但可惜公司並不看重我。」

我進一步釐清：「可以跟我說說在哪些事情上，會讓你認為不被公司重視呢？」

他回答我：「到職後的前三個月，無論是新人教育訓練或前輩的帶領，我最常接收到的訊息是『不可以這樣、不可以那樣，如果怎樣，就會受到什麼處罰……』。還有在會議中，從來沒人問我的意見，只能依照資深同事或主管的命令執行任務。我不知道為何而做，任務完成得好不好，也沒人告訴我。雖然我每天上班，但我感覺在這公司裡，有沒有我好像都無所謂。我不懂，當初面試時，難道他們不是因為看到我的能力才錄用的嗎？」

我看著他的表情，彷彿看到一位有為青年有志難伸的惆悵。在他的眉宇裡有一種失望與落寞。

步驟四：反映感受（Reflect）

當我們不僅能聽之以耳、聽之以心，在氣息中還能感受到說者所散發的情緒與發出的需求訊號後，「讓對方感受到你與他在同一個頻道上」是重要的步驟。

我對他說：「我發現你是一位很願意貢獻心力的人，對自己有一定程度的自信，你希望可以貢獻更多、做得更好，所以希望主管在分派工作時，能夠清楚說明為什麼要你做這件事。至於怎麼做，你希望主管可以一起討論、聽聽你的看法，同時也希望主管能夠針對你的表現給予回饋，讓你知道哪裡可以繼續保持、哪裡可以改進。你希望找回的是思想的自由、執行工作方式的自由，是嗎？」

我一邊說，這位年輕人一邊猛點頭，他說：「對對對，就是這個意思。畢竟我是系上第一名畢業，對自己的要求很高，我相信我想出來的方法絕對不會把工作搞砸的。」

最後他說了一句：「老師，謝謝你理解我，真希望你是我的主管。」

我回答他：「主管也需要你的傾聽，也許溝通之後你會發現，你心中對主管的認知也許並不是他真實的樣貌。」

我向他講述了一遍H.E.A.R.的深層傾聽步驟，我問他，既然對自己有自信，能不能嘗試一個挑戰，運用H.E.A.R.與主管重新開啟對話？

隔了一個多月，他告訴我，雖然主管還是常常講大道理，但他終於瞭解主管在會議中沒有問他意見，是出於不想給他壓力的善意。經過這次溝通後，主管很欣賞他能主動化解彼此的衝突，也漸漸會找他討論問題、聽取意見。

我問他，與主管溝通時，對主管有更深一層的認識嗎？

他說，有的，可以感受到主管那種又要部屬成長，又擔心給太多壓力的心情，主管這個職務真的很不容易。

最後他說，他要的自由已經慢慢回來，現在不需要去荒島了。

萬一部屬不想談，怎麼辦？

有些主管會有疑問：「萬一部屬不想談怎麼辦呢？是不是需要建立在多年彼此熟悉的基礎上，才有可能開啟深層的對談呢？」

我的經驗中，「聽之以氣」才是重要的關鍵。

多年前，有家企業邀請我進行一項顧問專案，提企劃案之前，我特別要求先個別訪談公司裡的幾位經營層主管。當我走進會議室，才剛坐下，坐在我對面的副總經理雙手抱胸，大聲對我說：「你先別開口訪談我，我要你先回答我，你有什麼資格坐在我對面，要我聽你說話？」

如果你是我，你會如何反應？

一、站起來走人，反正是他不禮貌在先。

二、拿出簡介向他說明自己的經歷，證明自己的能力足以擔任公司顧問。

三、態度堅定地告訴他，請保持尊重。

我什麼也沒說，只是保持靜默地看著他的眼睛。

眼睛是人類的靈魂之窗，當我們沒有雜念、不因對方的態度、行為而心生波瀾時，即使在寂靜裡，也能感受到對方來自於心靈深處的訊息。

大約過了一兩分鐘吧（奇妙的是，他竟然也沒再發出任何聲音），我對他說：「我知道，你的內心並不像你的外表一樣，那麼強悍。」

我不知道我為什麼會說出這句話，但我確定這不是來自我腦袋的分析、判斷，當下我什麼也沒想，在靜空的狀態中，我就是感受到他內心的脆弱。

他才聽完這句話，眼淚便奪眶而出，接下來，他便滔滔不絕地告訴我他在這家公司的「奮鬥」故事。

所以，如果對方不說，那就練習從氣息中感受對方，勇於向對方核對你的理解，也勇於面對不說話時的氣氛。**只要清空自我、放下罣礙，回到人性單純的狀態，你會像剝洋蔥一樣，一次比一次更接近對方的內心。**

同仁聽不進去，怎麼辦？

深層傾聽能夠幫助我們與他人建立更親近的信任關係，開啟更具意義的對話；同時，也能夠讓我們在工作中掌握關鍵訊息，產生更佳的行動效果。

在另一次的教練輔導中，某位汽車銷售經理對我說，初入社會的銷售同仁最常出現的問題是「太容易相信客戶」。

他舉個例子，銷售同仁與客戶商談結束前拿出訂單，這時客戶常常會說：「喔，我還需要一個月的時間考慮。」同仁如果傻傻聽信客戶的說法，等一個月後再聯絡，往往會發現客戶已經跟別人購買了。

我問銷售經理：「那您通常是如何指導銷售同仁呢？」

經理說：「我就跟他們說，客戶說的不一定都是真的，你們還是要三不五時跟他聯繫，用什麼藉口都沒關係，就是要保持聯絡的熱度。」

我問他：「效果如何？」

經理說：「聽得進去的就會照做，聽不進去的我只好繼續提醒。」

我又問：「那照做的同仁都能順利簽單嗎？」

經理回應：「不一定啦，客戶百百種，但有跟催總有機會吧。」

經理說對了一半，那就是「客戶說的不一定是真的」。

經理沒說完整的是，客戶也許認為自己提出「需要時間」正是當下所需要的，但這是客戶自己的「以為」，不一定是客戶「真實」的需要。

那麼，我們如何獲知客戶真實的需要呢？

銷售經理原先認為，訂單之所以會流失是因為銷售人員疏於聯繫，但更值得探討的是：「客戶為什麼會向其他銷售據點的同仁購買

（或選購其他品牌）？」

其他銷售人員在商談過程中究竟說了什麼關鍵詞、做了什麼關鍵動作，因而觸動客戶在心中響起了「對，這就是我要買的車」的聲音？

如何洞悉部屬的真實需求？

一位優秀的銷售人員，不只是做到滿足客戶口頭上的要求，而是能在與客戶的互動中覺察對方的感受、情緒，並以顧問式的提問，引導客戶說出潛在的需求與動機。

需求分成「假性需求」與「真實需求」這兩種。耳朵聽到的往往是假性需求，真實需求則藏在對方整個人的狀態，不只包括口中說的、心中想的，還有對方的氣場、身體情緒等。

每一個人都是一個能量場，如果銷售人員能運用「聽之以氣」，他應該能在商談過程中感受客戶所散發的訊息是愉悅的、沉悶的，還是肯定的、有疑慮的，並依此採取對應的銷售策略。

常有人說，購買是因為一時的衝動。因此，銷售人員常以為透過快速的商談節奏、加強締結訂單的力道，就是拿到訂單的最佳銷售方式。

但我認為即使拿到訂單，也只是表面的樣貌。事實上，消費者做出購買決定前，內心都在等待某一個「訊號」，當訊號不夠強烈時，他可能會延遲簽約，或者付訂之後又要求取消訂單。

所以，當客戶說出「我還需要時間」時，更深層的意涵可能是：

我對產品還不夠確定。

我對自己的決策能力不夠自信，例如不確定付款能力、不確定能否得到最終決策者的認同等。

我對你還不夠信任。

此時，銷售人員要做的並不是結束商談之後再電話跟催，而是當場向客戶提出探詢，以增強客戶的「購買訊號」。

例如，銷售人員可以這樣探詢：

「您目前在選購上，還有什麼疑慮嗎？」

「就剛剛解說的產品功能、配備，哪一部分最符合您的需求、您最喜歡？哪一部分還沒有滿足到呢？」

「對於我個人的服務和專業，您覺得滿意嗎？能否給我一些回饋，讓我有更好的進步？」

「做決定時，您還需要跟哪位親友商量嗎？他的考量點是什麼？他的購車習慣是什麼呢？」

「我還需要提供什麼，來幫助您買到心目中的理想車款呢？」

銷售人員只要運用提問技巧，就能夠增進對客戶的瞭解，也能夠在客戶的回答中，決定接下來的對話內容。但，是什麼原因讓銷售人員不提問呢？

離開表象，擺脫現象解

經理說：「有同仁說，除了問客戶要不要買、什麼時候買之外，不知道還能問客戶什麼（這是專業技巧問題）；也有人說，其實很怕面對殘酷的事實，萬一客戶真的說不買了，還要消化自己的心情（這是心智韌性問題）。」

我問經理：「那麼，從同仁的說法中，您得到哪些訊息？聽到同仁需要您提供什麼幫助呢？」

經理想了想說：「同仁可能大多時候都是單方面介紹產品，沒有與客戶進行更多交流。一方面是因為對客戶資訊掌握不足，另一方面，我們的客戶都是社會菁英人士，涉獵範圍很廣，年輕同仁內在知識含量不夠的話，自然想不出什麼話題可以聊。另外則是信心不足，認為自己一定會失敗。」

至於對他們的幫助嘛，經理接著說：「我可以陪同他們拜訪客戶。另外，我可以多讚美同仁，增強大家的信心！」

我說：「嗯嗯，這是一種方法。那我請您進一步思考，您認為這種解決問題的方法，屬於『現象解』還是『根本解』？」

經理有些疑惑地看著我，我舉一個最常見的例子來向他說明。例如吃飯的時候，小孩吵鬧不好好吃飯，那父母該做什麼？

第一類父母做法是：給他iPad，讓他邊看邊吃飯。

第二類父母做法是：瞭解小孩吵鬧的原因，並養成小孩專注做一件事的習慣。

經理說：「我懂了，第一類父母是屬於現象解，第二類則是根本解的做法。」

是的，當我們只解除表面的現象時，現象會一直重複發生，**只有找出問題的根源，建立正確的新習慣，才能長治久安，從根本解決問題，當事者也才會獲得更實質的成長。**

經理恍然大悟地說：「難怪每次花時間陪同拜訪後，同仁總會說，這是經理自己的方法，在這個客戶身上有用，換其他客戶就不一定適用了。以前聽到這種話都覺得很灰心，我現在知道了，原來我的領導困境是來自於我並沒有找到根本解方！」

看出模式，找到根本解

脫離困境、找到根本解的方法是看見造成現象的「模式」（pattern）。

根據《維基百科》上的定義：所謂的模式是指一種規律變化與自我重複之過程。

每一個人都有模式，例如我們要去某一個地方，有人總是選擇走一條自己最熟悉的道路，有人則習慣先瞭解當下的路況，再選擇一條最快抵達的路徑。

模式左右了我們選取資訊、解讀、判斷以及行為的結果。透過觀察部屬的模式，領導者便能釐清部屬的核心問題，進而瞭解部屬的真實需求。

教練領導者著重以「回溯關鍵事件的行為反應」來釐清同仁的模式，我建議銷售經理可以向同仁探詢以下「2W2S」問題：

一、**What（什麼）**：在以往整個銷售商談裡，花最多時間做哪些事、談哪些內容？商談結束後他採取了什麼行為？

二、**Why（為什麼）**：什麼原因讓他做出以上的時間、內容分配？

三、**Shadow（陰影）**：商談過程中，最令他感到不安的是什麼？

四、**Success（成功）**：過去成功簽單的案例中，他的成功關鍵是什麼？

經理對某一位銷售同仁完成輔導面談後，告訴我：

一、What（**什麼**）：這位同仁習慣花超過百分之八十的時間告訴客戶有關產品的資訊，少部分時間才會詢問客戶一些基本問題，但很快會再繞回產品本身，結束商談後只留下客戶的基本聯絡方式。

二、Why（**為什麼**）：這位同仁認為，完整詳細地介紹產品是專業的表現，因為他認為，消費者最終的決定在於對產品是不是已足夠瞭解。

三、Shadow（**陰影**）：他最害怕的是「冷場」。有些客戶話不多，他曾經為了化解尷尬，說了個冷笑話，卻在無意間打中客戶痛點，讓擔任企業董事長的客戶當場很不高興。

四、Success（**成功**）：如果遇到與他年齡相仿的客戶，因為有共同的經驗、記憶點，很容易產生共鳴，自然而然就能夠放鬆心情跟客戶聊天。

透過2W2S提問，我們更加瞭解這位銷售同仁的「模式」：

一、認知影響行為。這位同仁誤以為客戶只在意產品，而介紹產品是專業銷售的唯一表現。

二、商談中沒有運用提問搜集客戶的細節訊息，事後也沒有養成記錄整理的習慣。

三、習慣以共同話題做為聊天素材，當遇到社經地位較高的年長客戶，則不知該說什麼。

四、失敗事件增強錯誤認知。陰影事件讓他更相信，銷售只需要好好講產品，別因為聊天而節外生枝。

我們再翻開這位銷售同仁的成交記錄，發現成交占比最高的果然是年輕族群的客戶，而且這類客戶的回購率也很不錯。數據顯示，他並非沒有聊天的能力。經理這時知道，以往的輔導策略「陪同拜訪」只滿足了假性需求，屬於現象解，而透過觀察「模式」，他釐清了同仁成長的真實需求是：

一、運用經營年輕族群的成功模式，瞭解屬於年長、經營者族群的「年齡記憶點」與「興趣點」。

二、去除陰影，加強提問技巧，商談結束後，做好詳細的互動記錄。

經理說，他找到了根本解。

隔了一年，我在該公司偶遇這位銷售同仁，我關心他這一年的改變。他告訴我，他參加了一些社團，社員都是較為年長的經營者，他常向這些長輩請教成功之道與經營企業的辛苦之處，同時也經常參與活動，漸漸地，他知道這個族群平常關心什麼、在意什麼，以及他們如何過生活。

他笑著告訴我，這一年他成長了很多，現在還常有年長客戶要把女兒介紹給他呢！

我問他：「什麼原因這些長輩這麼喜歡你呢？」

他說：「我發現長輩們的內心都是……嗯，我稱之為『寂寞之地』。因為成功太不容易，但自己的孩子卻不見得喜歡聽他們的『想當年』。現在我在銷售中最享受的事，就是請他們述說自己的故事，他們都會講得很開心。我也觀察到，成功人士都有『幫助他人成功』的特質，即使銷售失敗，我也會請教客戶，是什麼原因讓他沒有選擇我？有意思的是，當我這樣提問之後，所有人都成了我的老師。所以，以前那個『不知道如何跟年長客戶相處』的問題也就不再成為我的困擾了。」

我很喜歡「寂寞之地」這四個字。這世界上，大多數人都只是「聽之以耳」，雖然地球上的人口愈來愈多，但懂得彼此的人卻愈來愈少。莊子的智慧告訴我們，當我們能以耳、以心、以氣、以無我傾聽他人時，我們就能看到最真實的需求。我們，就會是那個能夠抵達寂寞之地的人。

H.E.A.R.深層傾聽練習

請回想最近一次處理部屬問題時，你是否出現以下行為。

H.E.A.R.	行為檢視	我可以 怎麼調整
此時此刻 Here & Now	☐ 全身心投入此時此刻 ☐ 專注一心，以對方為主角 ☐ 能聽到、感受對方的情緒	
保持愉悅 Enjoy	☐ 保持愉悅、好奇與開放，接受正發生的一切，無論好壞 ☐ 重視對方心理安全，創造愉悅對話氛圍	
提問核對 Ask	☐ 不加入觀點，不妄加猜測 ☐ 以提問向對方核對我的理解	
反映感受 Reflect	☐ 重述所聽到的重點、感受，以確定雙方在同一個頻道上 ☐ 以語言、音調、眼神等傳遞我的同理	

若一志，無聽之以耳而聽之以心，
無聽之以心而聽之以氣，
聽止於耳，心止於符。

——莊子．人間世

聽他人說話時要心定神凝、專心一志。不要只用耳朵去聽，要用心去聽；不要只用心去聽，要用氣去聽。耳朵只能聽見聲音，而心只能與外在事物連結。只有在虛空中才能看見事物的真實。

1. H.E.A.R.：①此時此刻 Here & Now；②保持愉悅 Enjoy；③提問核對 Ask；④反映感受 Reflect。
2. 練習從氣息中感受對方，勇於向對方核對你的理解，清空自己、去除罣礙，回到人性單純的狀態。
3. 模式是一種規律變化與自我重複的過程，運用 2W2S 發現模式釐清真實需求、找到根本解。

井蛙不可以語於海者，拘於虛也，
夏蟲不可以語於冰者，篤於時也，
曲士不可以語於道者，束於教也。

莊子·秋水

第8課

對不同的部屬，如何要求目標？

該給目標數字，還是到達目標的地圖？

某銷售主管與同仁B君進行績效面談，主管提醒他，第一季的達成率未達公司目標，希望B君要努力加油。

B君說：「主管，我已經很努力了，但是我就是達不到啊！」

主管說：「你要向小花學習，她的年資、績效目標都跟你一樣，但她目前的業績卻是你的兩倍，你要好好檢討反省，下禮拜我希望能看到你有所進展。」

一週之後，B君的業績還是沒有達標，但主管觀察B君的確比過去努力很多。

請問如果你是主管，你會如何處理呢？

1. B君已經很努力了，態度重於一切，先調降目標增強該員自信心。
2. 一直無法達標，證明能力不符合工作所需，應予以調職。
3. 請小花擔任小老師進行輔導。
4. 其他。

進行教練輔導時，主管常常提出績效相關的問題，對於一些老是無法達成目標的同仁感到非常頭痛。主管說，有些人積極、自動自發，但有些人就是怎麼盯也沒用，該怎麼「處理」這些人呢？

我總是先向主管詢問，輔導時有沒有為該同仁訂出績效目標呢？

主管總是這樣回答：「就是年初定的目標啊。」

當我聽到這樣的回答時，我就知道問題是出在「沒有客製化目標」。

我們可以這樣想像，績效目標如同旅程的目的地，有些人具有獨立規劃、準備、執行的能力，他會為到達終點做好一切準備。這類人就好比背包客，世界就是他家，再遠的距離都不是問題。

但有些人就是沒有獨自前往的能力，這類人會參加旅行團，從說明會、行程手冊裡，他會知道旅途經過哪些地方、看到什麼風景、遇到什麼氣候，藉由獲取這些資訊，他知道自己該準備些什麼，然後乖乖配合領隊走完旅程。

在職場，績優人員就是背包客，表現一般的同仁是團客，而主管則如同領隊，他不只要告知目的地，同時也要提供必要的資訊、工具，引導「團客」到達目的地。

績效管理之所以效果不彰，其中之一的原因就在於主管常常把「團客」與「背包客」當成同一類人，用一樣的方式進行管理。結果不是把部屬都當成「團客」而管太多，造成「背包客」漸失熱情，就是把部屬都當成「背包客」，不理不睬、讓他們自由發揮，最後導致「團客退團」。

你也許要問，那主管都聘用背包客不就輕鬆多了嗎？問題是就業市場上沒有那麼多的背包客，這類人通常熱愛獨行的自由，不喜歡進入組織「群聚」；再者，如果組織裡都是背包客，那麼主管應該是第一個被裁撤的職位吧！

每一位部屬都是獨一無二的，由於過往經歷不同而各自練就的認知、能力、特質也會有所不同。莊子在外篇〈秋水〉中提到：

井蛙不可以語於海者，拘於虛也，夏蟲不可以語於冰者，篤於時也，曲士不可以語於道者，束於教也。

這段話的意思是，不可跟井底之蛙談海，這是因為空間限制了牠的眼界；不可以跟夏天的蟲談論冰雪，是因為夏蟲的眼界受到時令的限制；而對於見識淺薄的人不可與他談論大道理，這是因為他們受到教育涵養的束縛。

我認為莊子這說法並非貶抑眼界薄淺的人，他提醒我們不要站在自己的立場去評價對方、批判他人能力，而是要從他人的生命歷程去探討，為什麼他會有這樣的限制。

主管如果能夠理解這一點，就不會在井底之蛙無法理解大海是什麼樣子、夏蟲無法想像冰雪風貌的時候感到生氣，並責怪他們不夠努力，因為這些都於事無補。

主管能做的就是帶著部屬踏上拓展眼界、豐富內涵的生命旅程。而製作「客製化目標」就是主管提供給部屬的「行程手冊」。

教練 S.M.A.R.T. 目標法

在一次教練晤談中，我問正在輔導目標落後同仁的銷售經理，給這位銷售專員定的業績目標是什麼？

經理說：「公司規定他這個層級一年要賣出三十六台車。」

我問經理：「這是公司規定的最終結果，那你為他訂定的目標是什麼呢？」

經理不解地看著我說：「就三十六台車呀！」

我又問：「所以只要是這個層級，每一個人的目標都一樣嗎？」

經理點點頭說：「對呀，難道不是嗎？」

我接著請教經理：「與部屬開會檢討業績時，你都怎麼做呢？」

經理回答：「就是把每一個人的戰績都講一遍，提醒大家要努力啊！」

我問：「戰績隨時都更新在看板上，這訊息大家不是都知道嗎？」

經理嘆口氣說：「對啊，但業績還是要逼一下啊！」

我請經理回想一下會議氣氛如何，經理說：「就沒人講話啊，一散會，大家跑得倒是挺快的，可能怕我盯他們吧。」

我問經理：「你覺得業績差的同仁，內心感受如何？」

經理說：「我相信沒有人會故意落後。我想，他們心裡應該也很著急、一定也不好受的。」

當部屬只有看到遙遠的終點目標，卻不知道用什麼方法抵達時，擔任領隊的主管可以運用「教練S.M.A.R.T.目標法」為每位部屬進行客製化的目標計畫。S.M.A.R.T.是指：

- **目標明確**（Specific）：目標是否具體明確？
- **可衡量**（Measurable）：可用以衡量目標是否達成的行為指標是什麼？
- **可達成**（Achievable）：對於當事者而言，目標達成的可能性如何？
- **合理性**（Reasonable）：當事者是否認為目標是合理的？
- **時間點**（Timing）：什麼時候開始行動？檢核的頻率及時間點為何？

在訂定明確的目標之前，我請經理先針對該部屬進行績效來源的分析。

步驟一：分析績效來源

從這位部屬以往的成交客戶資料顯示，他的主力來源是上門的來店客，而非自己主動開發的陌生客，過去每個月平均接待來店的客戶為八組，而他以往的平均成交率是百分之二十五，因此這位同仁每個月會創造兩台車的業績。

每個月八組接待客數×百分之二十五的成交率×十二個月＝二十四台車

我們可以預估到了年底，他能夠達成的銷售數為二十四台車。因此如果一切過程不變，三十六台車的績效目標將很難達成。

釐清部屬的績效方程式後，若要改變最後的結果，主管就需要透過接下來的步驟二來改變過程。

步驟二：客製明確（Specific）的目標

部屬的績效目標是每年成交三十六台車，平均每個月需要完成三台車的交車數。從這位同仁的成交率以及接待客數回推，主管為他定出的階段性目標可以是：

增加來客組數：從八組增加到十二組（12×25%＝3台車）。

提高來店成交率：從百分之二十五提高到百分之四十（8×40%＝3台車）。

與「每年三十六台車」的績效目標比較起來，這個客製化的階段目標是不是更明確、更有方向了呢？

我發現，部屬無法達成業績，大多時候不是同仁不願意努力，而是不知道努力的方向，或者誤以為自己沒有達成目標的能力，這是落入了一種「無明」的狀態。

佛學裡常說的「無明」，是指人們因看不清事物的真實樣貌，起了無常與變幻的心理現象。在達賴喇嘛所著的《從懷疑中覺醒》（*The Middle Way: Faith Grounded in Reason*）裡提到，無明分為兩種類別：

單純的不瞭解（not knowing）。

扭曲瞭解（distorted knowing）。

這兩種無明，在職場上都很常見。例如，部屬知道老闆要的績效目標，但不知該怎麼做，這是「單純的不瞭解」；而部屬其實知道怎麼做，卻因為各種原因讓他誤認為自己能力差，以為怎麼努力也做不到，這是屬於「扭曲瞭解」。

這兩種無明都會造成部屬前行的阻礙，所以，主管接下來必須引導部屬發現「達成目標的指南針」。也就是將目標轉化成可被衡量的「行為」，以化解同仁的無明狀態。

步驟三：提供可衡量（Measurable）的行為指標

對於第一種無明——單純的不瞭解，也就是不知道怎麼做的同仁——主管可以從以往的經驗以及成功典範人物的行為中，訂定出提升成交率的行為指標，例如銷售人員要能夠：

- 運用顧問式銷售技巧，幫助客戶釐清購買需求。
- 說出產品與競爭品牌的差異點。
- 連結客戶的需求與產品特點。

這三個行為指標如同指南針，指引了部屬邁向成功的具體座標，此時，部屬惶惶不安的心也會因此而更加穩定。

當然，主管此時可能會碰到部屬呈現的另一種無明——扭曲瞭解，部屬主觀認定自己無法做到以上行為的要求——步驟四將可以協助主管引導部屬釐清自己的盲點所在。

步驟四：評估可達成性及合理性（Achievable/ Reasonable）

我們可以請部屬針對行為指標，分別就可達成性與合理性給予一到十分的評估，分數愈低代表部屬認為自己能達成該行為的可能性愈低，也代表被要求該行為的合理性愈低。

這個步驟的目的在於幫助主管與部屬交流彼此的「未知資訊」，透過部屬的評估分數，主管能夠深入瞭解部屬難以跨越的障礙是什麼，以及對於行為認知的正確性如何。例如，當同仁針對「運用顧問式銷售技巧，幫助客戶釐清需求」這項行為，打出「可達成性三分」、「合理性四分」時，主管可以向部屬提問：

- 這項行為的可達成性有三分，你認為哪些方面比較容易做到（給三分的原因），哪些方面比較難做到呢（少給七分的原因）？
- 對你來說，在這項行為中，比較困難的是「顧問式銷售技巧」，還是「釐清客戶需求」？
- 合理性給出四分的原因是什麼呢？
- 你認為還有六分不合理的原因是什麼呢？

部屬告訴銷售經理，在公司的培訓課程上，他學習過什麼是顧問式銷售，也知道商談過程中可以運用提問技巧來釐清客戶需求，因為已具備基本知識基礎，所以他對可達成性給了三分。

至於令他感到難以達成的原因在於，部屬認為自己目前還無法將知識靈活運用在商談上，每次向客戶提出問題時，他都會覺得自己很造作。

部屬在合理性上只給出四分，代表他認為這個行為與提升績效的相關性並不高。箇中原因在於，他相信所有客戶最終還是根據價格來決定是否購買，只要折扣不具吸引力，銷售人員就算有再多技巧也無法順利取得訂單。

但矛盾的是，他的確也觀察到有些業績好的同仁，似乎最終不一定是以低價取勝，因此他也常思考，為什麼自己總是碰到喜歡比價、砍價的客戶。

從這些資訊中，銷售經理發現同仁在「釐清客戶需求」這項行為上的阻礙是：

一、技巧運用不夠純熟，影響提問效果。

二、對客戶的購買決策有不正確的認知，導致在商談過程中把重點放在價格拉鋸上，而非個人與產品的價值呈現。

清楚了路障之後，主管接下來的工作便是與部屬發展行動計畫。

步驟五：設定計畫時程（Timing）

經過與部屬討論後，雙方共同定出了以下的行動：

一、指派銷售副理與該同仁進行客戶需求模擬演練，每週一次。

二、每天早會邀請同仁輪流分享成功案例的心得，其他同仁則練習提問。

三、每天完成客戶商談記錄，從中發現客戶關鍵資訊與購買訊號，以做為後續跟進的訴求重點。

四、銷售同仁與經理分享實踐後的成果以及疑問，每週一次。

五、分析成交率的變化，強化促進成交的有效行為，改善或去除無效行為，每兩週一次。

原本經理擔心會太花時間，但執行一段時間之後，他發現部屬開始會主動找他討論客戶案例，同時也漸漸學會以這種方式找出績效盲點，而他也從部屬愈發自信的眼神中感受到身為領導者的價值與成就感。

不要量化，也可以定目標？

在教練領導學的教學經驗裡，我觀察到主管們覺得S.M.A.R.T最困難的地方在於把目標轉化為行為（步驟三），有一次我問在場的主管，什麼原因讓他們覺得困難呢？

他們馬上說出：「因為很難把行為量化啊。」

我笑著問大家：「我並沒有要求大家要『量化』呀，什麼原因我們會直覺想要寫出量化的行為呢？」

他們疑惑：「不是需要『可衡量』嗎？」

「可衡量」是不是等於「量化」呢？

我當場問大家一個問題：「你覺得你家小孩愛不愛你？」

現場的學員都說：「愛啊。」

我說：「你們怎麼知道呢？」

有位爸爸說：「我家女兒每天早上一醒來都會衝到我房間，抱著我親。」

現場馬上響起一片「哇」的羨慕聲。

另一位主管也舉手說：「我每天早上送兒子上學，他都會回過頭來跟我比一個心。」

當場，整個教室裡瞬間充滿著甜甜的滋味。

這時，我問兩位父親：「你們是因為孩子『每天早上』的行為頻率，還是因為小孩展現行為時的狀態而感受到他們的愛？」

兩位父親不假思索都說：「是小孩做出這個行為時，整個人的狀態感動了我。」

我又問大家：「你們可以感受到這兩位小孩對爸爸的愛嗎？」

大家點點頭說：「可以喔！」

我問：「為什麼呢？我們不在現場，是什麼原因讓我們能這樣確定？」

主管們說：「因為可以從兩位爸爸的眼神裡，看到那種被愛包圍的幸福感！」

我說：「是的，我們之所以很難把目標轉化為行為，很可能是因為長期以來，我們的思維已被量化模式的KPI所綁架。但大家從剛剛的例子發現，我們有眼睛、我們有感覺，只要用心，我們就能確定對方的狀態，不是嗎？」

接著，我請主管放掉「凡事要量化」的框架限制，練習寫出達成績效目標的關鍵行為。有些主管覺得還是很困難，於是我請大家放下手上的筆，從內心覺察是什麼原因讓這個練習對我們而言如此困難。

沉默了幾秒鐘之後，有位主管說：「我突然覺得部屬蠻可憐的，因為，連定目標的我們都無法寫出與目標達成相關的行為，部屬又如何知道該怎麼做呢？可以想見，他們一定花了很多時間在摸索思考。」

主管們透過覺察領悟到一個事實，那就是在工作中，我們把所有的時間用在訂定目標、檢核目標、解決突發問題上，但卻幾乎沒有花時間與部屬好好討論該如何走向目的地。難怪部屬總是挫折，而主管總是生氣罵人。

如何找出成功行為的指標？

我們如何找出能有效達成目標的行為指標呢？

美國心理學家、耶魯大學教授羅伯特．史騰伯格（Robert Sternberg）在一九八五年出版的《超越IQ》（暫譯自*Beyond IQ*）可供我們參考。

這位心理學家對於智力的解釋是：「一個人如何運用思考以及組織過往的知識來解決問題。」

他在後來提出的WICS領導智慧模型裡指出，一位優秀的領導者必須具備W（Wisdom智慧）、I（Intelligence智力）、C（Creativity創造力）、S（Synthesized綜效）等四大能力。

在WICS領導智慧模型裡，智力分為「實用智力」與「分析智力」，前者是指人們會「藉由經驗中獲得的知識，讓自己有目標地適應、形塑與選擇環境」，而後者則是指「記憶、分析，以及評估與判斷訊息的能力」。

史騰伯格教授的研究呼應了莊子的「井底之蛙不可語於海、夏蟲不可語於冰」，強調經驗對一個人具有重要的影響。

美國名作家杜爾（Anthony Doerr）也曾經這樣說過：「你一生中的所作所為以及所邂逅的人，都會對你有所影響；凡你所走過的，必留下痕跡，點點滴滴都是永恆。」

而這個痕跡，無論當時是快樂還是痛苦，都是我們在面向未知時最寶貴的線索。

以本文中的銷售主管為例，主管可以向自己、同仁或者標竿人才進行探詢，例如：

- 以往當客戶砍價時，我（或標竿人才）如何回應？當時我對客戶說了什麼？
- 當客戶猶豫不決時，我（或標竿人才）問了哪些好問題來引導客戶做出決策？
- 與客戶商談時，我（或標竿人才）做了哪些事、說了哪些話，引發客戶的興趣？
- 與客戶互動時，我（或標竿人才）做了哪些事、說了哪些話，讓客戶看到我的獨特價值？
- 過去的哪些行為（或做法），現在仍然有效？

當我們以過去為師，並在此基礎上不斷突破、精進，我們就不難找出成功的行為指標了。

「老師，可是我在職場這麼多年，從來沒有遇過任何一位主管用教練的方式引導我啊，我每天都生活在高壓、挫折之下，但不也是這麼走過來了？」有位主管舉手發問。

我問他：「所以你的意思是，你不也活得好好的，還有必要用不同的方式對待部屬嗎？」

他點點頭，想知道我的想法。

的確，高壓、挫折是驅動成長的來源之一。而我認為生命該是一種進化的過程，我們可以從自己的經歷、從他人對待我們的方式、從我們內心感受中，去覺察哪些行為可以修正得更好。而我們願不願意讓這種不恰當行為帶來的負面影響，就到我們自己為止？我們願不願意透過自己的進化，走出一條更有智慧的領導之道？

讓痛苦延續，或成為創造幸福的開端？這個選擇，就留給所有領導者思考吧！

S.M.A.R.T.練習

請運用S.M.A.R.T.與你的部屬進行對話，為你的部屬訂定專屬的目標與行動計畫。

S.M.A.R.T.	內容記錄
明確的客製目標 Specific	
可衡量的行為指標 Measurable	
可達成性與合理性評估 Achievable/ Reasonable	可達成性評估： 原因： 合理性評估： 原因：
設定計畫時程 Timing	何時開始行動？ 行動頻率為何？ 何時檢核成果？

井蛙不可以語於海者，拘於虛也，
夏蟲不可以語於冰者，篤於時也，
曲士不可以語於道者，束於教也。

——莊子．秋水

井底之蛙因為空間的限制，無法想像海的遼闊；夏天的蟲受到時令的限制，無法體會冰雪的寒冷；見識淺薄的人受到教育涵養的束縛，無法理解高深的道理。

1. 不要以自己的立場去評價對方、批判他人的能力，而要從他人的生命歷程去探討為什麼他會有這樣的限制。
2. 運用 S.M.A.R.T 五步驟引導部屬從客製化目標中，逐步實踐邁向成功的行為指標。
3. 凡所走過的，必留下痕跡，從過往經歷中尋找寶貴的線索。

瞻彼闋者，虛室生白，吉祥止止。

夫且不止，是之謂坐馳。

——莊子．人間世

第9課

想讓部屬動起來，賞罰就夠了？

領導工作對你最大的意義是什麼？

依公司規定，行銷同仁必須通過一系列的專業能力認證才能予以晉升。有位部屬平常工作相當努力，績效表現也很不錯，但偏偏「考運」始終不佳，在公司舉辦的各種考試中，他總是位居末位。最近人資部特別提醒主管，如果該員仍無法通過最近這次的能力認證，主管必須考慮將他予以調職。

請問如果你是他的直屬主管，你會如何處理呢？

1.考前加強輔導，請通過的同仁分享考試心得。

2.依公司規定，無法勝任者只好淘汰。

3.嚴肅地告知該同仁，請他認真準備。

4.其他。

在你的主管生涯裡，有沒有遇到過即使認真、投入，但仍無法完成某些任務的部屬呢？

遇到這樣的情況，我們很容易歸因於「天生資質」，但當主管做出這樣的結論時，也就意味著我們已經放棄探索部屬突破限制的可能性了。

薩提爾冰山理論是教練領導常用的技術模式。薩提爾模式（Satir Model）是由維琴尼亞·薩提爾（Virginia Satir）女士所提出來的，她認為不論外在條件如何，在這個世界上，沒有人是無法做出改變的。

她也相信人類可以實現其想要實現的，可以更正向、更有效率地運用自己的能力。

薩提爾的理論認為：「能夠被外界看到的行為表現或應對方式，只是露出水面上的很小一部分，而真正造成行為的原因反而隱藏在水面之下。」

在我多年的教練經驗中也發現，所有行為都不是莫名其妙突然產生，「行為」是來自於冰山下，對於自我本質的認知、事物的渴望（例如渴望被愛、被認同等）、對自己與他人的期待、抱持的觀點信念，以及對於特定事物感受的綜合呈現，而冰山底層的形成，便是我們在成長過程中，從每一個經歷事件中所堆疊出的認知。

動物行為學上有一個「印痕理論」（theory of imprinting），印痕又稱為印記，指的是一種不可逆的學習模式，這是奧地利動物心理學家康拉德．勞倫茲（Konrad Zacharias Lorenz）一九三五年在灰雁及穴

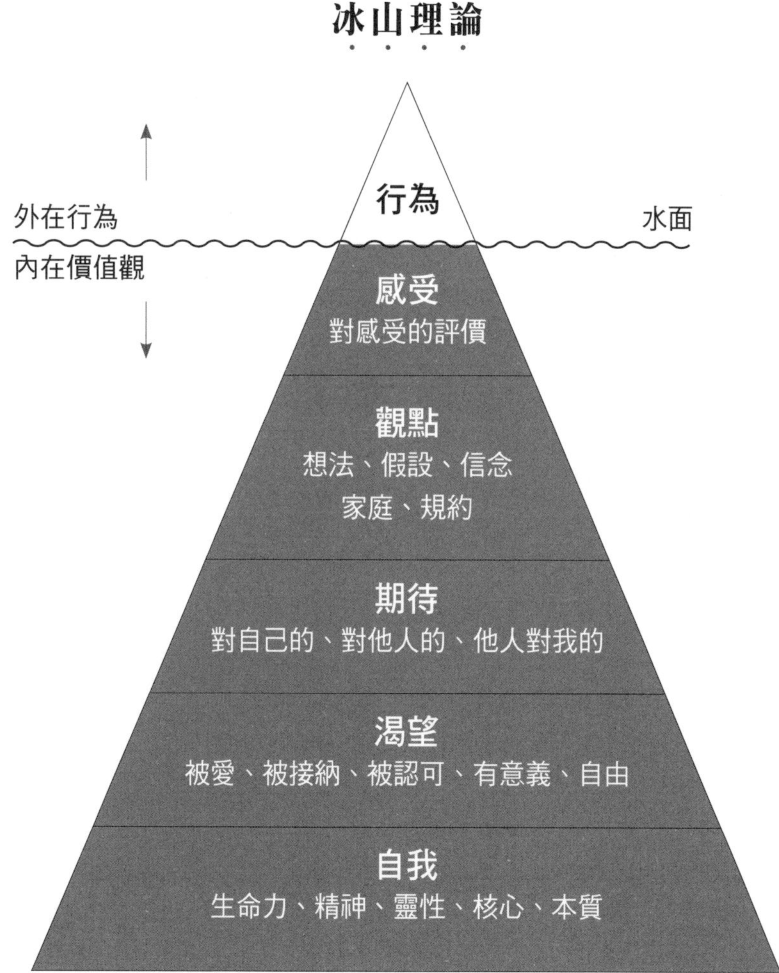
冰山理論
行為
外在行為
水面
內在價值觀
感受
對感受的評價
觀點
想法、假設、信念
家庭、規約
期待
對自己的、對他人的、他人對我的
渴望
被愛、被接納、被認可、有意義、自由
自我
生命力、精神、靈性、核心、本質

鳥身上發現的。他觀察到一些幼小的動物在出生之後，會將自己學習到的視覺、聽覺或觸覺經驗永遠留在腦海中，之後當遇到某些刺激環境時所產生的反應，則都是以這個印象做為本能反應。例如，雁鴨出生後會將第一眼看到的對象視為媽媽，進而發展出對於這個對象特徵的偏好。之後，當雁鴨在其他物體上看到這些特徵，就會本能地以為這個物體是牠的媽媽。

勞倫茲認為，「本能」是透過所謂的「鑰匙刺激」所反應的。

什麼是鑰匙刺激呢？

鑰匙代表一種連結、開啟的功能，我們可以這樣想像，外在的環境是「門外」，而我們的內在則是「門內」。當門外的環境產生刺激，鑰匙就會開啟門內所儲存的資訊，而資訊也就透過鑰匙的連結向外作出反應。

將勞倫茲的印痕理論運用在人們的行為上，我們就能理解為什麼一群人在經歷同樣的事件、接收同樣的資訊後，卻總會有不同的解讀與反應。

既然印痕理論告訴我們，印痕永遠不會消失，那麼透過鑰匙刺激所反應的本能行為還有機會改變嗎？

我認為雖然不容易，但仍然可以做得到，關鍵在於喚醒當事人，讓他能夠認知到他的行為並不是基於不可改變的天性，而是受到印痕現象的影響。也就是，在鑰匙刺激作用前，我們先清理「內在資訊」，資訊不同，通過鑰匙反映於外在的行為也就會不一樣了。

印痕的束縛

二〇一二年迄今，我一直為某企業擔任銷售與領導能力認證以及經理人教練的顧問工作，所謂的能力認證，是協助該公司確認內部同仁是否具備總公司所期待的能力水準。我必須在很緊湊的時間內完成評鑑面談、寫出評鑑報告，並且當面給予當事人回饋。

某一年，發生了一件令我非常難忘的面談經驗。

那天，我坐在會議室裡，正準備展開評鑑工作，一位將近五十歲的資深同仁出現在我眼前。我觀察到，他低著頭，不斷搓揉雙手、額頭冒汗，顯然非常緊張。這時顧問通常會有兩種選擇，一是直接進入面談評鑑程序；二是暫停程序，先瞭解他如此緊張的原因。

如果是你，會如何選擇呢？

這兩個選項沒有對錯。只是「選擇」是來自於自己對該角色的設定（也就是冰山下的自我本質）。做出第一種選擇的顧問，可能認為自己的工作是評鑑與回饋者，並不包括處理當事者的情緒，顧問因為角色的假設而產生的觀點是：「壓力」是當事者自己該面對解決的功課。於是，冰山上的行為就會是忽略當事者的現狀，直接一如往常地進入評鑑程序。

我選擇第二種作法。的確，在這項專案合約裡，客戶並沒有要求我執行能力評鑑以外的任務，但在我的冰山底層裡，我認為我是「送出禮物的人」，我始終覺得無論評鑑結果如何，我都是那個能夠送出一份「讓當事者看見自己潛力」的美好禮物的人。

基於這樣的信念，在開始評鑑前，我決定先和他聊聊。

我問他：「你可以告訴我，什麼原因讓你這麼緊張嗎？」

他還是低著頭，小聲說：「顧問，從收到通知的那一天開始，我就緊張到現在。我知道我一定不會通過，老實說，這兩天我已經收拾好辦公桌，這把年紀沒通過評鑑真的很丟臉。今天結束後，我就要跟老闆提辭呈了。」

我好奇地問：「我都還沒開始呢，你怎麼就認定自己一定不會通過呢？」

他告訴我：「從小到大我每逢考試必敗，沒有一次例外，無論我多麼努力都沒有用。這次也會是一樣的結果啦。」

他的「從小到大」這四個字，讓我很好奇在他小時候發生了什麼事，而這些事件形成了什麼印痕，這些印痕又如何影響他的冰山底層？

於是，我先收起桌上的表單，對他說：「如果你不介意的話，我們來聊聊你的考試經驗好嗎？這部分不列入評鑑。」

他一聽到暫緩進入評鑑程序，臉上緊繃的線條柔和了一些。

他告訴我：「我是一個天生資質不好的人，小時候每次考試，我都考得不好。喔，不，不是不好，是奇差無比。班上同學最差的也有五、六十分，只有我，每次都停留在一、二十分，我也搞不清楚為什麼會這樣。有一次，我真的發狠念書，熬夜到早晨四點，但那次考試也只考了四十分，我印象非常深刻，小學老師發成績單給我時還嘆了口氣說，你讀成這樣還考不好，這一生注定會是個沒用的失敗者。」

「所以，你相信那位老師的話？」我問他。

他回答說：「我本來不相信啊，但老師就像算命先生一樣，我之後的每次考試真的都考不好。」

聊到這裡，我瞭解了，他的印痕來自於他的失敗經驗，以及老師對他說的那段話。在他的冰山之下，他認定自己是個對考試無能為力的人，所以一遇到考試，他就會特別緊張，並且預期失敗再度到來。

把過去的故事重說一遍

在我們的成長過程中，他人對自己的評價往往堆疊成自我的認知，我們從他人眼中一小部分的「我」，漸漸活成了「那就是我」。在生命的長河裡，我們不見得活出了全然的我，卻很可能活成了眾多人所認定的我。

我記得小時候學鋼琴，我的鋼琴老師是當時全高雄最具知名度的老師，她非常嚴格，總是帶根藤條上課，我常常因為彈錯幾個音符，手背上就被藤條抽上好幾鞭，但奇怪的是，我並沒有特別討厭她，因為自從在她的年度師生演奏會上「登台」過一次之後，她總是對我說：「雖然你今天沒彈好，但你是屬於舞台上的人，我知道，你只要一上台，就會表現得特別好！」因為這句話，我覺得她是全世界最懂我的人，而那時我還不滿六歲。

雖然，我最終沒有選擇走上成為鋼琴家的道路，但我的確在講師、顧問的職業生涯裡，體驗並見證了當年她對我的評價。

我不知道是鋼琴老師看人特別準，還是因為她的話，讓我成為了那個屬於舞台的我。但不論何者為真實，現在的「我」，的確是在他人的評價與自我認知、期待中互相交織、演變而成的。

我們不必爭辯他人對我們的評價是否足夠客觀，重要的是，我們如何運用評價讓自己不因此受限，而能更自由地展現天賦潛能。

瞭解了這位同仁的冰山底層之後，我打算讓他自己剪掉多年來套在身上的隱形枷鎖。

當我翻閱他的工作記錄，發現績效表現與客戶評價都相當不錯，於是我問他：「你說你是考試的失敗者，那我想請你思考，你目前創造出來的工作成績，算不算是你在客戶的考驗中得到的成績單呢？」

這時，我看到他的眼睛裡出現一道光，他愣了一下說：「欸，我怎麼以前都沒有這樣想過呢？這樣說的話，我出社會之後的成績單好像還不錯喔！」

我知道，眼睛裡的這道光代表著他即將突破「每逢考試必敗」的魔咒，於是我接著問：「現在，你可以跟我分享你的成功經驗嗎？請你舉一個讓你印象最深刻、最有成就感的案例吧。」

當一個人回到「成功我」時，他就成為了沙場上的將軍，將會展現無與倫比的自信，而只有自信能夠讓我們勇往直前，戰勝困難。

就在他侃侃而談幾個案例之後，接著我請他思考：

「在這些輝煌的『戰史』中，你看到自己是一個什麼樣的人？」

「哪些特質成就了戰果？」

「當你面臨工作上的困難時，你曾採取哪些作法來跨越阻礙？」

「有哪些作法可以挪移到以後任何形式的『考試』，讓你有所突破呢？」

這些提問的目的在於引導他重整冰山底層的資訊，這也是教練最重要的功能之一——協助對方往內找尋答案。**當我們仔細回顧過去的經歷，並從中省思之後，我們就會發現沒有一條路是白走的，沒有一件工作是白做的，每一件事情的發生都是為了成就未來那個更美好的你。**

寫下不一樣的新故事

莊子在〈人間世〉中有段話：

瞻彼闋者，虛室生白，吉祥止止。夫且不止，是之謂坐馳。

意思是虛空的房間會顯現光明，而虛空的心才會呈現無煩惱的狀態；不僅如此，還會達到「坐馳」的境界。所謂的「坐馳」指的是即使身體坐在狹小的房間，心卻不受侷限，能四處遨遊。莊子藉此提醒我們，**隨時把耳、目從外在的世界收回，傾聽自己的內心，當我們清理內在時，就能產生覺悟。**

在教練晤談的經驗裡，我發現有些人會緊緊抓住「印痕」不放，這些人總以為透過印痕所產生的本能反應就是「我的本性」，這個「我」是不可能改變的。但其實這些信念就像天上的浮雲，它會來，也會有散去的時候。

例如，當我們特別容易為某些事感到恐懼時，可以跟自己說：「我現在的恐懼並不是全部的我。」當我們總是為特定的話語感到生氣時，也可以說：「我的生氣不是全部的我。」當我們失敗之際，我們知道「這個失敗的我不是全部的我」。當我們願意讓念頭成為片刻浮雲時，我們可以看著它來，也能靜靜地等它走，我們會知道在浮雲背後，是一片好大好大的藍天。

那天，我多花了一個多小時，引導這位同仁回溯成長經驗，帶著他看見自己的印痕，也藉由重整冰山底層的資訊，讓他打破多年來的自我限制。

當我看到他慢慢恢復自信後，我悄悄開始了評鑑面談的工作，後來這位同仁順利通過評鑑。傍晚結束工作後，他送我上車，他站在車門前，非常慎重地向我鞠了一個九十度的躬，他對我說：「顧問，我鞠躬並不是因為我通過了考試，而是今天你讓我親手剪掉了這個重重的枷鎖，真的非常謝謝你！」

這一幕，我想我永遠也不會忘記，那天的晚霞照映著他的身影，我彷彿看到了一個自由的靈魂。

找出厚厚冰山下的美好初衷

運用薩提爾的冰山理論，我們可以探尋行為形成的原因，並找到創造新行為的契機，也可以藉此找回隱藏在厚厚冰山底下，但卻被我們遺忘的美好初衷。

我曾經遇到一位銷售經理，他告訴我，他有一位非常看好的業務新人，但新人進公司三個月了，業績卻還沒有破零，令他有些擔心。

我問他：「什麼原因讓你如此看好他呢？」

經理說：「他在新人訓練的時候就立下要成為新人競賽第一名的目標，這種企圖心正是優秀銷售人員必備的特質。」

依據史賓塞（Spencer&Spencer）博士的職能冰山理論，動機會影響行為。所謂的「動機」是指一個人對某種事物抱持渴望，進而付諸行動的念頭。

於是，我很好奇：「什麼原因使他一定要成為第一名呢？第一名對他的意義是什麼？」

銷售經理說，他也不知道。

後來，經理問了他這個問題，而這個提問，居然意外成為這位新人潛力大爆發的「鑰匙刺激」。

經理告訴我，有一天，他看到這位同仁落寞地坐在位子上，他上前關心，問他怎麼了。

新人說：「好煩惱啊，我好想成為新人王，但業績就是一直無法突破！」

這個時候，經理沒有因為他還處於業績掛零的狀態而責備他，反而和顏悅色地要他想一想，當初想要加入這個工作的原因是什麼？又為什麼他想要成為第一名呢？

這位年輕人想了一會兒，突然靈光乍現似地告訴經理：「我想起來了，其實我在七、八歲第一次從爸爸訂閱的雜誌上看到這個品牌的廣告時，我就深深受到吸引了。小時候，我特別喜歡研究這個品牌，我還跟爸爸說過我長大要成為這個品牌的代言人呢！」

「啊，難怪，當我看到公司的招聘廣告時，不知道哪來的一股衝動，立刻就投遞了履歷表。」他補充說道。

這位經理真的是他人生中的貴人，因為這個提問喚醒了他在孩童時期埋下的種子，當種子甦醒，便是成長茁壯的時刻。

對他而言，第一名代表的意義是「品牌代言人」，當他再度連結這個內在資訊時，動機引發的外在行為便是「開始摸索」，他開始思考：

「我要怎麼說、怎麼做才符合品牌代言人的形象？」

「在商談的時候，我該怎麼做才能向客戶展現這個品牌的美好價值？」

史賓塞博士認為動機會引發行為，行為會創造結果。因此，**教練領導者不需要急著教導同仁成功的方法，只要找到刺激動機的鑰匙。**當同仁心中的小宇宙被點燃時，他自然會找出滿足內在動機、創造成果的有效行為。

那一年，這位同仁如願以償得到競賽第一名，而後至今，他的業績都保持在全國前十。

發現工作之於你的「意義感」

曾經有主管問我，會不會有些同仁就是一點動機都沒有呢？

我認為不會，至少在我的工作生涯中沒有碰到過，我運用的方法是：從「意義感」和「甜蜜點」著手。

你可以這樣請同仁問自己：「工作帶給你人生的意義是什麼？」

在疫情發生之前，因為工作的緣故，我總是經常在許多城市之間飛行。二十年的顧問生涯裡，聽過我演講的人已超過數萬名學員，每當我旅行疲累的時候，我總喜歡一遍又一遍地看著學員寫給我的卡片以及臉書上的留言。

曾經有一次我飛到印尼講課，結束前，有一位印尼學員送給我一張卡片，上面寫著「謝謝我的神，祂讓我遇見你」；我也曾在廣州上課時，遇到一位靦腆的女孩用紅色的紙摺成一顆心送給我，她當時小聲對我說：「老師，你明天就要離開這裡了，我把我的心留給你。」

還有一次，在我參加某個專業論壇時，一位學員拿著他的筆記本對我說：「老師，你看，這是五年前你在課程上說過的話，每一年我都把它重新寫在新的筆記本上，用來提醒自己。」我看到筆記本上寫的是：「永遠不要忘記，自己是那顆傳遞良善的種子！」

顧問、教練是一個外表光鮮亮麗，但實際上卻勞心又勞力的工作。我和每一個人一樣，在工作中總有高峰與低潮，但，如果能成為他人心中一點點的微光，我想這就是工作對我最大的意義吧，而這也是一路以來，讓我始終樂此不疲的動力來源。

刻意營造工作中的「甜蜜點」

每份工作都有苦與樂，造成感受的差別在於我們能否找到或刻意營造出「甜蜜點」。

我的工作需要花許多時間閱讀大量的書籍，更要花許多的精力瞭解各產業的特性、趨勢，以及不同企業客戶的問題。基本上，我所有的「休閒」幾乎都與工作有密切的連結。例如，看電影的時候，我會想，哪一個片段適合當成課程中討論的素材？跟家人在餐廳吃飯的時候，我會想，這道菜的創意表現，我可以如何學習，好應用在我的工作上？

我化解疲勞的方式是，當我到國外教學、執行顧問案的時候，我會刻意多停留一兩天，在工作結束後走出飯店，去品嚐當地的風味小吃、欣賞當地的藝術表演，我也喜歡跟當地人聊天，從他們的身上讓我看到，這世界上的人是以什麼樣的思維過他們的人生。

工作中的視覺、味覺、觸覺等種種新鮮的感受，滿足了我探索世界的好奇與渴望，這些都是我在工作中的甜蜜點。

即使是此刻正在寫書的我，當我想像著這本書出版之後，能夠對陷入領導痛苦的人產生一點「緩解」的作用時，我便能克服寫書的困難，痛苦並快樂地繼續奮戰。

同仁找不到意義感與甜蜜點怎麼辦？

也許你還想問：「會不會有些同仁就是找不到工作的意義感和甜蜜點呢？」（不知道為什麼，總有一些主管對員工極度悲觀，或許這也一種印痕現象吧。）

好吧，那就讓我再分享一個例子。

有一次與客戶開會，中場休息時客戶向我抱怨，他有一位部屬處理事情總是不積極，常引起客戶抱怨。這位同仁總是在主管三番兩次的催促下才會採取行動，這個狀況讓主管困擾不已。

剛好這位同仁經過會議室，主管說，要不，老師，你願意跟他聊一下嗎？

我說，好呀。（可能是我的職業病，我對於人的行為動機非常感興趣。）

主管找了個藉口邀請這位同仁進來，正好他的手機響起，他兒子打來問他什麼時候下班。我觀察到他跟孩子講話時的樣子很有耐心，可以想見他應該是個好爸爸，或者說，他很想當個好爸爸。

於是，我從小孩聊起，他也跟我分享了初為人父的心情。我問他：「你有沒有想過，想當一位什麼樣的父親？」

他說：「我希望我的小孩，無論在人生中遇到什麼困難，都會想到我是一個能夠幫助他解決問題的人。」

這是他對「父親角色」的設定，也是冰山底層的自我認知。接著我問他：「你覺得在現在的工作中，能夠磨練你成為兒子心目中那位具有解決問題能力的父親嗎？」

他沉思了一下，對我說：「顧問，謝謝你點醒了我，在今天以前，我常在意工作與家庭之間的平衡，我一直以為這兩者是分開的，你的問題，我會好好想想！」

他離開會議室之後，一直陪同在旁的主管說：「我知道顧問為什麼要這樣問了，因為這個問題讓他開始思考工作對他人生角色的意義，顧問從他最在意的兒子聊起，也是為了要喚起他的甜蜜點，對吧？」

我說：「恭喜你，百分之百答對了，接下來就交給你嘍！」

主管信心滿滿地說：「沒問題，我學會了，我知道之後要怎麼跟他聊天了！」

我非常喜歡教練這個角色，因為每一場的教練晤談都像是一場與生命靈魂交流的過程。也許在專案結束後，這輩子我不會再有機會與個案當事人相遇，但我會永遠記得，當人們在冰山的探索中放下過往印痕的枷鎖時，那種解脫、輕鬆的表情。我深信，我又再一次與客戶共同創造了一個深具意義又甜蜜的生命經驗。

课後鍛鍊 10

解構自己的行為冰山

◆ 1.請列出一項自己在冰山上的行為。

例如：我很不喜歡做業務工作。

◆ 2.我的自我認知？

例如：我覺得自己不適合當業務。

◆ 3.我的渴望。

例如：我渴望被人尊重。

◆ 4.我的期待。

例如：我期待別人看到我的專業。

◆ 5.我的觀點。

例如：業務總是求別人，在別人眼中沒有專業可言。

◆ 6.我的感受。

例如：每次面對客戶，我總覺得矮人一截。

◆ 7.請給自己一段獨處的時間，慢慢回想，哪一段的人生故事，形成了你的冰山底層？

例如：爸爸是個事業有成的人，但個性嚴厲，我小時候如果事情做不好、考試成績不佳，他會斥責我「連這點事情也做不好，以後長大只能去做銷售」，讓我非常受傷。

瞻彼闋者，虛室生白，吉祥止止。
夫且不止，是之謂坐馳。

——莊子‧人間世

虛空的房間會顯現光明，而虛空的心才會呈現無煩惱的狀態。把耳、目從外在的世界收回，傾聽自己的內心，就能不受局限，達到心靈清明、自由的境界。

1. 薩提爾理論：我們的行為表現只是露出的冰山一角，真正造成行為的原因反而隱藏在水面之下。
2. 清理冰山下的「內在資訊」。當資訊不同，通過鑰匙反映於外在的行為也就不一樣了。
3. 不必爭辯他人的評價是否客觀，重要的是如何運用評價、不因此受限，並更自由地展現天賦潛能。
4. 從意義感與甜蜜點中，找到激發潛能的強烈動機。

須菩提，若菩薩通達無我法者，
如來說名真是菩薩。

——金剛經

第 10 課

在教練領導的路上幸福前行

才華洋溢的部屬找不到靈感，怎麼辦？

某外商公司的研發長具有強大的企圖心及使命感，他從美國麻省理工學院畢業後即進入美國總公司，由於表現卓越，三年前調任中國擔任研發部門最高主管。但最近半年，執行長在會議中觀察到，這位主管也許是因為長期失眠的緣故，在會議中偶爾會出現情緒失控的狀況，這讓執行長十分擔心。

請問如果你是研發長的教練，你會如何給予協助？

1. 告知公司應提供健康檢查與心理諮商的外部資源。
2. 建議公司先調整研發長的職務，以減輕壓力。
3. 運用薩提爾模式，引導他看見冰山底層對行為的影響。
4. 其他。

有一年，一家位於中國的外資企業邀請我執行高階教練專案。在專案起始會議時，執行長告訴我，這位年輕的研發長是他在職業生涯見過的部屬中最優秀的一位，美國總部甚至已將他列入重點栽培的名單中，三年前將他調回中國，就是總部為他打造的培育歷練計畫之一。但由於研發長失眠的狀況日益嚴重，為了照顧他的身心健康，公司在三個月前啟動員工協助方案（Employee Assistance Programs，簡稱EAPs），提供研發長健康檢查、心理諮商等協助，而這次的教練專案則是EAPs的其中一個項目。

第一次見到研發長時，他在會議室裡幾乎坐立難安，但看得出來他一直刻意抑止自己焦躁的情緒。他對我說：「教練，我很感謝你特別飛過來協助我，這段時間公司也給我很多支援，我心裡非常感動，但我想知道，這種狀況真的有機會改善嗎？需要多久呢？我真的很擔心會耽誤公司、耽誤團隊。」

這位主管真的很年輕，只有三十歲。從他的眼神裡，我可以感受到他的不安，尤其是他急促的語氣裡透露出他強烈的責任感。

我告訴他：「當然會改善啊，但我想先瞭解，你覺得你會耽誤公司、團隊什麼呢？」

他說：「我現在正在進行一項非常重要的專案，我怕萬一身體出狀況，會影響專案的進度。」

「你睡不著覺是因為這個案子嗎？」我想確認他失眠的起因。

他說：「上次諮商師問過我這個問題，當時我以為是，但後來我發現其實這個案子本身的技術層次，對我來說並不構成壓力。主要是我想要提前完成這個專案，因為還有更重要的事等著我。」

研發長告訴我，三年前他回中國帶領研發團隊，每天跟一群優秀的年輕人在一起，他突然覺得自己的責任很重大。他希望自己不只是能完成公司所交代的任務，他更希望能夠帶領團隊研發出新的產品。

我問他：「研發新產品對你的意義是什麼？什麼原因讓這件事對你這麼重要呢？」

他說：「我希望能讓外國人相信，華人一樣有優秀的研發創造能力，而不是只能做代工。」

「所以，你想讓專案早點完成，好讓你有時間開始著手這件事嗎？」我問他。

他回答我：「不不，我早就開始規劃了，但我實在想不出來。時間拖得愈久，我感到愈挫折。我覺得人在一生中一定得幹件大事，才算對得起自己以及一路栽培自己的人。」

我看著他，腦海浮現出「英雄出少年」幾個字。他有一顆感恩的心、有強大的企圖以及崇高的使命感；難能可貴的是，他並沒有因為年少得志而有絲毫的高傲之氣。他的確是一位不可多得的人才，難怪能獲得公司如此重視。

我問他：「當你想不出來的時候，你採取的作法是什麼？」

他回答我：「我就花更多的時間繼續想。我每天都想、無時無刻不想。」

我問：「你認為要創造出一個符合你理想使命的產品，需要什麼能力？」

他很快回答我：「當然是創意啊，但我現在找不到。」

他接著說：「教練，你知道那種感覺嗎？我知道我的使命，但卻無法完成，甚至連雛型都還沒有。對我來說，這是件多麼痛苦的事。

我無法理解，我這麼聰明的腦袋，怎麼會想不出來！」

「所以，也因為這樣你更無法放鬆，是嗎？」我問他。

他說：「唉，所有人看到我，總是對我說『放輕鬆』。我也嘗試到國外度假，但往往到了第三天就受不了，自動銷假上班。因為，我實在沒有辦法看著時間過去，但卻一點進展也沒有。」

我對他說：「當你要找創意前，你得先把自己整個人調頻到『創意的狀態』。」

他好奇地說：「創意狀態？那是什麼？」

我說：「我們來試試看吧！」

如何幫助部屬進入創意的狀態？

我請他閉起眼睛，想像當他設計出新產品時，那時的畫面會是什麼？

他停頓了很久，張開眼睛告訴我：「唉，跟以往一樣，我完全沒有畫面，好沮喪啊！」

研發長的沮喪來自於他的潛能受阻，教練之父高威曾經提出一個公式：

Performance（績效）＝Potential（潛力）－Interference（干擾）

這個公式告訴我們，績效是潛力與干擾互相作用的結果。這意味著**想產生高績效，除了需要具備潛能之外，我們還必須時時覺察哪些「干擾」正在削弱潛能的發揮**。

干擾來自於外在環境與自我內在，它與事件本身無關，因為同樣的情境對於每一個人造成的干擾影響程度不同。

心理學上把人格概分為外控型與內控型兩種類型，前者傾向把結果歸因於外在環境的影響，後者則認為「事在人為」、「人定勝天」，這類的人傾向把結果歸因於自己控制。

在多年的人才評鑑經驗中，我發現高績效的人才大多屬於內控型的人。

當遇到景氣不好時，內控型的人會說：「沒關係，剛好幫公司做一次體檢，這個時候正是內部練兵、強化體質的最好時機。」

內控型的人並非不知道外在環境的險峻，而是會把「干擾」視為獲取未來更大成功的契機。這類型的人通常擅長把干擾轉化成激發潛力的推進器，也就是說，當他看到干擾出現時，他會聚焦於擴大潛力，以及降低干擾對自己的影響。

但這幾年，我觀察到原本屬於內控型的人出現了一些變化。

也許是外在環境變動得太過劇烈，更有可能是因為企業長期過度偏重績效要求，卻忽略身心靈健康的重要性，績優人才往往長期處於壓迫自己的狀態，以為用強大的意志力可以支撐疲憊的身心，讓自己度過一次又一次的挑戰。但這種由腦子催眠出來的強大，其實並不是真正的強大，它騙不了心、騙不了身體，他們雖然一樣可以創造還不錯的績效，但長期下來身體累了，心靈枯竭，創造性的想法也堵塞了，這位研發長的狀態便是如此。

我拍拍他的肩膀說：「沒關係，這只是你目前的狀態，但你放心，這不會成為你的常態。」

接著，我拿出一張白紙問他：「你剛剛說，腦海中的畫面是空白的。就像是我手上的這張白紙。你可以告訴我，如果把你的產品畫在這上面，你希望別人看了有什麼反應？」

他想了想說：「我希望大家會有一種好奇、讚嘆，以及對美好生活的嚮往。」

我問他：「你上一次出現這種『好奇、讚嘆、對美好生活嚮往』的感覺，距離現在有多久了？」

這個提問讓他抬起頭，望向窗外。然後他告訴我，好像離開學校之後，就漸漸地沒有這種感覺了。

接著我問他：「你覺得，這張空白的紙，跟你的人生有沒有什麼關聯？」

這時他調整了坐姿，看來放鬆了些。

他說：「其實這張空白的紙就像是我的人生，除了鑽研學問，我幾乎沒有別的興趣。我們今天的對話讓我突然想起以前在麻省理工念書的時候，有位教授常常告訴我，要我多去看歌劇、畫展，多去跟不同領域的人接觸。當時我也的確乖乖去做了幾次，但實在覺得沒趣就放棄了。事隔這麼多年，我終於理解教授的用意，我想，當年他早就看出我會遇上這樣的瓶頸了。」

我笑了笑，對他說：「教授當年就看出來你有一個偉大的情懷，既然夢想實現的時間近了，那表示你的生活也需要調整到一種支應、催化夢想的狀態。你認為有什麼做法可以讓自己活在『好奇、讚嘆、對美好生活嚮往』的狀態呢？」

他說：「我目前暫時沒有別的想法，就先依照當年教授的指示試試看。我的行動計畫是一個禮拜要看一次畫展、聽一次音樂會或藝術表演。」

為了避免行動計畫成為另一種壓力，我又問：「當年什麼原因讓你覺得無趣呢？這個原因有沒有可能依舊會成為你現在的行動阻礙呢？」

他回答：「我當年一個人去根本看不懂，覺得很浪費時間，還不如回到實驗室裡做我的研究。但你知道嗎，我這種人後來居然娶了個藝術家。這幾年我的工作愈來愈忙，不瞞您說，我和我太太一直沒什麼太多的交集。我常跟我太太開玩笑說，我搞不懂藝術家存在這個社會上有什麼價值。當然，我這種說法惹得她很不高興。今天的晤談讓我有些領悟，老天對我真的很不錯，原來她來到我身邊，就是在這個時候來幫助我的。」

路上遇到石頭，放在身上或挪開？

聽這位研發長述說他和太太的相遇，也讓我不得不讚嘆，老天愛護眾生萬物的美意。往往痛苦之所以發生，正是老天要喚醒我們的時刻，只要我們開始去探索這背後的意義，相信自己在生命轉折之後必會有所不同，我們就會發現，其實我們並不需要擔心、恐懼，因為老天早已悄悄為我們備妥度過痛苦所需要的資源。

接著他繼續說：「我今天回去會請教我太太，我想請她先幫我安排藝術之旅，我也要請她陪在我身邊，講解給我聽，這樣應該就不會像當年那樣覺得無趣了吧！」

我提醒他，記得先跟藝術家太太道個歉。

他有些不好意思地笑著說：「唉，我以前實在太無知了，今天回去一定要好好向她懺悔。」

設計了行動計畫，他突然又不放心地問我：「教練，萬一我走了幾趟藝術之旅後，腦海裡還是沒有畫面，那怎麼辦？」

在嘗試改變之前，害怕失敗、擔心行動沒有效果，這是面臨改變的人經常會有的反應，而這種擔心的情緒也會成為我們踏出行動的最大干擾。

我從公事包裡拿出幾個小石頭（其實我也不知道，為什麼那天會帶著這些石頭，這是晤談的前幾天，我在飯店旁的海邊順手拾起的石子），我告訴他，我們腦中的各種擔心如同這些石頭，每一個雜念升起，就像是我們選擇了把一個石頭放在身上，雜念愈多，身上的包袱負重也就愈多。

我們可以提醒自己，當雜念升起，我們有絕對的能力可以選擇把石頭挪開。我把這些小石子交給他，請他回去做個功課，每天給自己獨處時間，覺察自己的狀態，同時看著這些小石頭，問自己：「今天，我拿起了石頭還是挪開了石頭？」

我問他：「從小到大，你一定遇過許多大大小小的挑戰，在這過程中，肯定也出現過阻力，當時你是怎麼克服的呢？」

他說：「是的，工作中難免有不順利的時候。比方說，資源不到位、人員專業不足等，這些我都能克服，我的方法是把所有的注意力放在我目前能做的事情上面，並且儘可能把能做的事做到極致。有的時候某部分做好了，團隊的自信激發出來之後，反而覺得有些資源也不那麼重要了！」

我說：「太棒了，那麼我們是不是可以把同樣的做法，運用在這次的考驗？現在，什麼是你該專注的事呢？」

他點點頭說：「我瞭解了，應該是專注在生活的改變，像工作一樣，全心投入！」

哈維・艾克（T.Harv Eker）在《有錢人和你想的不一樣》（*Secrets of the Millionaire Mind*）這本書中曾說：「How you do anything is how you do everything.」你做任何一件事情的方式，就是你做所有每一件事情的方式。這句話除了強調「行為背後的思維模式」之外，也提醒我們在看似不相干的事物上，回想自己反應的方式，往往可以將之運用，並產生學習遷移的效果。

最後，我請他思考當行動完成之後，他將以什麼樣的方式來鼓勵自己？

他說：「我打算每完成一個行動，就請我太太去吃頓飯，我們好久沒有享受家庭生活了，她應該會很高興我的改變。」

談到這裡，我請他說說現在與剛進晤談室的心情比較起來，有什麼變化？

他說：「現在輕鬆多了，覺得好像已經看到出口的那道光了。」

重塑大腦，建立新習慣

這次與他的教練晤談，實施的重點包括：

一、運用薩提爾冰山理論，探詢徵兆（焦慮／失眠）的根源。

二、引導個案當事者練習以畫面發現干擾所在。

三、引導個案當事者思考以往因應干擾方式的有效性。

四、引導個案當事者運用資源定出行動計畫。

五、透過「慶賀想像」，強化行為動力。

一個多月之後，我再度看到他，感覺他更有活力了。

我關心他在藝術之旅中的覺察。他告訴我，雖然還沒有關於新產品的具體想法，但腦海中已經開始出現一些畫面，至少他把「感覺」找回來了。

在太太的陪伴下，他發現其實欣賞藝術並不需要從專業的眼光看懂、聽懂，讓他收穫最大的是從太太的解說中，他似乎能隱約感受到作者對於生命的熱愛以及對人性的關懷。

他說：「我應該向這些偉大的藝術家學習。這段時間因為生活內容的變化，也刺激了我重新思考做為一名科學家的定位。」

看到他的變化，我衷心為他感到高興。

在公司各方案的合力促進下，研發長失眠以及情緒的問題已經大大獲得改善，在最後一次晤談時，他提出一個問題。

他說：「我很幸運有太太的協助，還有公司提供我的各項資源，幫助我克服改變初期的不適應。那麼對於部屬，我可以怎麼做呢？」

我想，他的疑問也是許多主管在輔導部屬持續新行為時，經常會遇到的困擾。

在神經科學的研究上，有一個名詞叫做「大腦可塑性」，這是由美國心理學之父威廉・詹姆斯（William James）所提出。大腦的可塑性是與經驗或心理行為有關，也就是說，我們每做一件事，大腦的神經元就會強化一次。我們常說「習慣成自然」或「熟能生巧」，便是由於我們不斷重複該行為，促成神經系統上的改變，因而形成新的神經迴路。

以「刷牙」為例，這是你我每天必做、習慣成自然的事，如果有一天，突然被限制不能刷牙了，我們一定會覺得很不習慣吧？但回想幼兒時期，我們可是費了好大一番功夫才養成這個習慣的，不是嗎？

這是為什麼呢？因為新的腦神經迴路需要重複行為，才能建構完成。

因此，當我們面對新舊交替期的不適應時，其實只要對自己說：「沒關係，我知道新的腦神經迴路正在建構中。」在突破的過程中，我們不需要指責自己，也不必用力強迫自己，**只要抱持覺察，繼續重複新的行為，然後耐心等待腦神經迴路建立完成，新行為就會自然成為新的習慣了。**

使天下兼忘我的領導新境界

如果你是主管，請理解你的同仁，並且幫助他度過這段時期。做為一位教練領導者，你需要做的是設計特別的任務，讓同仁有更多機會重複新的行為，也請你引導同仁，不要將所有的焦點放在「控制干擾的發生」。我們可以引導同仁學習四件事：

一、看見他正受困於哪些干擾。
二、看見干擾對他產生什麼影響。
三、如果干擾暫時無法去除，請學習與干擾共存。
四、將能量聚焦於持續且正向的行動上。

如同當你開始學習教練學，逐漸成為教練型領導者時，你也許會和我一樣，開始經歷以下四個階段：

第一階段：探索期。剛進入教練領域時的你，會充滿好奇、探索、冒險的動力；你求知若渴，認為一切都是可能的，你願意去學習、嘗試與體驗。

第二階段：成長期。當你依照這本書的心法、技法去應對領導的問題時，你會發現太好用了，你會看到某些令你困擾已久的問題獲得突破性的進展。這段時期的你對於成為教練領導者信心滿滿。

第三階段：撞牆期。教練領導之路，無可避免地會帶你進入迷惑的撞牆期。這個時期的你會發現就是對某些人使不上力，就是無法在某些情境上運用教練學，或者提問的時候就是會卡住，腦中一片空白。你會開始懷疑，教練學是不是真的有用；你也會懷疑，自己也許並不適合「轉型」成為教練領導者。如前所述，這段時期你正經歷腦神經迴路的重新建構。

第四階段：成熟期。當你願意憑著一股傻勁，即使面臨撞牆期依然持續練習教練技法，並努力不懈地在古經典、莊子的哲學思想裡薰陶、鍛鍊你的心性，突然有這麼一天，你會領悟到一切有形的方法（有為法），都會隨著你靈性層次的提升而化於無形。到達這個階段，你會發現不再需要刻意展現教練技術，你會在關鍵時刻與此時此刻合而為一，你的心會自然而然帶出關鍵的提問。心技合一的你，已然放下改變對方的目的企圖，在看似無為的狀態下，讓他人重拾力量，邁向更豐盛的人生旅程。

我很喜歡《莊子・天運》篇中提到的「孝」的階梯：

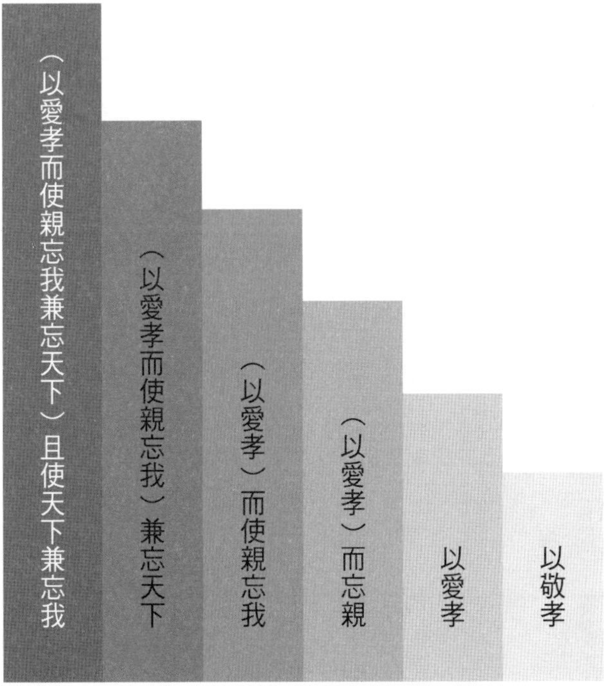

以敬孝

以愛孝

（以愛孝）而忘親

（以愛孝）而使親忘我

（以愛孝而使親忘我）兼忘天下

（以愛孝而使親忘我兼忘天下）且使天下兼忘我

莊子認為，為人子首先要對父母做到「敬孝」，但這並非孝行的最高典範，還要做到「以愛孝」、「而忘親」，不僅讓父母感受到我們對他們的愛，同時還要能避免自己不過度擔心父母而讓自己心神不寧，例如因為太過執著於對父母的愛，而產生依賴或過度干預父母生活等妄念，導致無法獨立活好自己的人生。

除此之外，子女還要進一步做到「以親忘我」、「兼忘天下」。為人兒女需要讓父母理解，世上一切事物終究無法長久不變，即使再親的血緣也無法控制子女一生中難以逃避的變化與挑戰。當父母能夠放下以愛之名對子女的依戀時，父母才能將生命的目標歸返於自身，真正地全心致力於個人的身心照護。

莊子認為孝的最高層次是「使天下兼忘我」，這是指在不著痕跡之下改善他人的生命品質，自己不但不居功，也讓他人忘了是誰的功勞之境界。

這個階梯之論，亦可做為我們成為教練領導者的指引。領導之路即是一條修道之路，一位領導者從因職位受到部屬尊敬開始，透過自身的鍛鍊與修為，一步步地卸下管理、控制、指導，最後成就他人，踏上「使天下兼忘我」的領導最高境界。

《金剛經》裡有段經文：「須菩提，若菩薩通達無我法者，如來說名真是菩薩。」佛陀對弟子須菩提說，如果有人通達了「無我」、「無法」（「法」指「方法」），那麼他就是一名真正的菩薩。

在這世上，每個人都是自己與他人的菩薩。值此混沌變局，人們就像活在一個加速的漩渦裡，成長的動能不能再依賴辛苦的蠻力，《馴心》十堂課，不僅希望分享教練學的知識與技巧，更希望拋磚引玉地提醒領導者重視自身的修行，以清明的智慧讓領導消融於無形。

執筆至此，這本書已近尾聲。寫書的過程中，我總感覺到與你們並肩相伴。期待這本書的出版，能讓更多領導者從KPI的有為法中，走向無我、無法的領導新境界；更祈願以本書的微薄之光，串起讀者們如菩薩般的善能量，我相信總會有這麼一天，職場將成為人間樂土！

邁向教練領導之路練習

請回答以下問題，為你的教練領導之路進行分析。

◆ **1.在我學習教練領導學的道路上，可能會遇到哪些干擾？**

例如：部屬激怒我、成效不如預期。

◆ **2.這些干擾會對我產生什麼影響？**

例如：在績效壓力下想要放棄教練領導，走回慣用的權威領導模式。

◆ **3.我可以怎麼做來降低干擾的影響？**

例如：調整心態，把焦點從自己的情緒轉移到解決問題上面，努力找出方法。

◆ **4.我可以怎麼做，以持續聚焦於教練心技的鍛鍊？**

例如：多讀幾遍《馴心》，也回想自己真正幫助到部屬時的喜悅，還有把部屬當成達成績效的工具人時所造成的種種傷害。

須菩提，若菩薩通達無我法者，
如來說名真是菩薩。

——金剛經

佛陀對須菩提說：「如果有人通達了『無我』、『無法』，那麼，他就是一名真正的菩薩。」

1. P＝P－I：Performance（績效）＝Potential（潛力）－Interference（干擾）。績效是潛力與干擾互相作用的結果，聚焦於潛力，降低干擾對自己的影響。
2. 在看似不相干的事物上，回想自己過去的反應方式，並將之運用於新的挑戰上。
3. 重複行為可形成新的腦神經迴路，養成新習慣。
4. 持續鍛鍊教練心法與技法，邁向「使天下兼忘我」的無為領導新境界。

國家圖書館出版品預行編目資料

駠心：東方哲思 X 西方管理，百大企業搶著上的 10 堂教練領導課 / 錢慧如作 . -- 初版 . -- 臺北市：三采文化股份有限公司, 2022.07
面； 公分 . -- (iLead)
ISBN 978-957-658-829-7 (平裝)
1.CST: 領導者 2.CST: 職場成功法

494.2 111006021

◎作者照片提供：大大學院
圖片提供：vectortwins - stock.adobe.com

suncolor 三采文化集團

iLead 03

馴心：

東方哲思 × 西方管理，百大企業搶著上的 10 堂教練領導課

作者｜ 錢慧如
編輯四部總編輯｜ 王曉雯 專案編輯｜ 王惠民
美術主編｜ 藍秀婷 封面設計｜ 池婉珊 內頁設計｜ 池婉珊
行銷協理｜ 張育珊 行銷企劃主任｜ 陳穎姿
內頁排版｜ 曾瓊慧 校對｜ 周貝桂

發行人｜ 張輝明 總編輯長｜ 曾雅青 發行所｜ 三采文化股份有限公司
地址｜ 台北市內湖區瑞光路 513 巷 33 號 8 樓
傳訊｜ TEL:8797-1234 FAX:8797-1688 網址｜ www.suncolor.com.tw
郵政劃撥｜ 帳號：14319060 戶名：三采文化股份有限公司
初版發行｜ 2022 年 7 月 1 日 定價｜ NT$480
4 刷｜ 2023 年 5 月 10 日

suncolor

suncolor